U0213808

Research on Energy-Efficient Data Transmission Technology for Wireless Sensor Networks

计算机科学与技术前沿研究丛书

湖北省自然科学基金项目“基于协作式移动无线传感器网络的节能关键技术研究”（课题编号：2017CFC819）成果

基于能量效率的无线传感器网络数据传输技术研究

王海军◎著

华中科技大学出版社
http://www.hustp.com
中国·武汉

内 容 简 介

随着无线通信、低功耗和高集成度的数字电子产品与微机电系统技术的发展，由传感器、无线通信和网络三大技术融合而形成的无线传感器网络引起了人们的广泛关注。作为影响无线传感器网络性能的一个核心方面，传感器节点及网络的节能问题已成为当前研究的热点之一。本书主要介绍了无线传感器网络概述、信道访问机制、MAC层协议性能优化、分簇路由协议、数据融合技术等，探讨了相关的前沿技术。本书既可作为高等学校高年级本科生和研究生的教材和工程技术开发人员的参考书，也可供无线传感器网络和物联网相关专业人士阅读。因此，本成果的出版具有重要的理论意义和实际应用意义。

图书在版编目(CIP)数据

基于能量效率的无线传感器网络数据传输技术研究/王海军著. —武汉：华中科技大学出版社，2021.6

(计算机科学与技术前沿研究丛书)

ISBN 978-7-5680-7196-3

Ⅰ. ①基… Ⅱ. ①王… Ⅲ. ①无线电通信-传感器-数据传输技术 Ⅳ. ①TP212

中国版本图书馆CIP数据核字(2021)第109600号

基于能量效率的无线传感器网络数据传输技术研究

Jiyu Nengliang xiaolü de Wuxian Chuanganqi Wangluo Shuju Chuanshu Jishu Yanjiu

王海军 著

策划编辑：周晓方 宋 焱　　封面设计：原色设计

责任编辑：余 涛　　责任监印：周治超

出版发行：华中科技大学出版社(中国·武汉)　　电话：(027)81321913

武汉市东湖新技术开发区华工科技园　　邮编：430223

录　排：华中科技大学惠友文印中心

印　刷：湖北恒泰印务有限公司

开　本：710mm×1000mm 1/16

印　张：10　插页：2

字　数：195千字

版　次：2021年6月第1版第1次印刷

定　价：68.00元

“计算机科学与技术前沿研究丛书”是一套以计算机科学为研究基础的丛书，是计算机科学与教育、工业和地质学等领域紧密结合、深度应用成果的展示平台。它集合思维创新、学术创新、实践创新为一体，旨在为计算机科学技术在拥有更加广阔的应用空间提供一个传播的载体。

计算机科学技术已经广泛渗透到国民经济和社会生活中，解决行业问题的方法众多，但对核心问题没有限定；对问题的分析过程和结论也没有定论；允许采用更新颖的方法对复杂的问题予以更多的讨论。这就需要计算机科学与应用人才跳出计算机程序编制任务，完成更多具有完整体系构思的创造性工作，在基础理论和计算方面实现重大突破，推动我国计算机科学和信息产业的全面发展。

丛书收录了近些年来较为热门的课题研究成果。这些成果与社会发展、国民经济发展息息相关，不仅拥有创造性还拥有实践性和指导性。如果将丛书分开来看，或许不觉得分量之重，如果把所有专著放到一起，就可以看出其成果之丰硕。丛书所有成果以实践为基础，寻找合理的理论支持，并最终回归到实践，将大量实践过程中产生的良好经验公式化、理论化，可以反复利用，成为各个领域发展的关键技术，让理论进一步升华。

丛书内容大多以科研项目为依托，在项目实施过程中始终注意新技术与实践应用的有机融合，实验采用实际例证研究方法，具有较大的可信度，且易理解。不过，其中有些课题研究难度较大，专著只是做了认真、有益的探索；有些项目尚有一些不足，但作为中期成果，可在各个行业中推广应用，进一步完善。希望当前成果对计算机科学与应用的发展发挥良好促进作用，为持续研究打下扎实的基础。

同时，为强化人才培养的“标准”意识，保证人才培养质量，丛书依据计算机科学与技术专业一流专业建设和分层次、分类型培养人才的需要，以新工科建设为桥梁，以强化实践能力，创新素质为核心，重构课程体系和教学内容。开发一批优质的实务课程、国际化课程和跨学科专业的交叉课程，编写和引进一批优秀案例教材。

我们更加期待读者与同行的反馈，希望这套丛书能为读者打开计算机科学与技术在自身领域深度应用之门，为同行提供新的研究思路与方向。

丛书编委会

2016 年 8 月

2020 年 8 月修改

Preface

无线传感器网络实现了数据的采集、处理和传输三种功能。它与通信技术和计算机技术共同构成信息技术的三大支柱。无线传感器网络(wireless sensor network,WSN)是由大量的静止或移动的传感器以自组织和多跳的方式构成的无线网络,以协作地感知、采集、处理和传输网络覆盖地理区域内被感知对象的信息,并最终把这些信息发送给网络的所有者。无线传感器网络所具有的众多类型的传感器,可探测包括地震、电磁、温度、湿度、噪声、光强度、压力、土壤成分、移动物体的大小、速度和方向等周边环境中多种多样的现象。潜在的应用领域可以归纳为军事、航空、防爆、救灾、环境、医疗、保健、家居、工业、商业等领域,具有广阔的应用前景。因此,研究和设计高能效、稳定可靠的基于无线传感器网络的数据传输技术具有极为重要的理论和应用价值。

无线传感器网络是基于实际应用的网络,不同的应用场景对网络性能提出的要求也不尽相同,而且传感器节点物理资源有限,标准的或通用的路由协议过于复杂,不符合降低能量消耗和处理复杂度的要求,这就要求传感器网络的研究与开发要面向实际应用背景,针对具体的性能要求。只有采用不同的处理方法,才能设计出高效的应用系统。另外,传感器网络中的查询、感知及传输等各种操作都是围绕数据展开的,传感器网络是一种以数据为中心的网络。网络能量的利用效率和生存时间的延长是无线传感器网络应用中亟待解决的首要问题。对节点能量受限的无线传感器网络而言,基于能量效率的无线传感器网络数据传输技术可使网络节省大量能量,有效延长网络对监测区域的覆盖时间,提高无线传感器网络的实际使用价值,这也是本书研究的主要目的。本书对基于能量效率的无线传感器网络数据传输技术进行了系统地研究,主要包括:基于 IEEE 802.15.4 的无线传感器网络信道访问机制;MAC 协议性能优化研究;基于 6LoWPAN 的无线传感器网络低功耗 MAC 协议研究;路由协议概述;基于能量均衡的分簇路由协议;数据融合技术等。

本专著系统地研究了基于能量效率的无线传感器网络数据传输技术,对无线传感器网络路由协议、网络协议的技术标准的相关理论研究和应用开发具有重要的指导意义。每一项理论研究成果都来之不易,希望能继往开来、坚持不懈,用开拓的思维为相关学科再添新的硕果,为无线传感器网络的发展贡献力量。

著 者

2020 年 12 月

目录
Contents

第 1 章

无线传感器网络概述

1.1 无线传感器网络的概念

近十几年来，网络信息技术的飞速发展使分布世界各个角落人们之间的联系越来越密切，人们在任何时间、任何地点都可以方便地进行对话和沟通。由于物的被动性，人和物之间的“交流”就不会十分顺畅，所以为了使物理世界为我们所用，必须借助于其他一些工具和技术去探索这个世界的万物，如各种传感器。基于通信技术、传感技术和微机电系统（micro-electro-mechanism-system，MEMS）的发展，传感器体积微小到可被封装到一块毫米级的芯片内，成本低、稳健性高且功能愈发强大。传感器的“智慧”可以帮助人类完成数据的收集、整理和沟通，从而极大地扩展了传感器的应用领域。无线传感器网络将从根本上改变人类与自然世界之间的相互作用，并使虚拟的网络世界和物理世界及各延伸领域都能与人交流。人们可以通过工具随心所欲地从物理世界获得丰富可信的信息，实现了“无处不在的计算”的愿望。毫不夸张地说，无线传感器网络（wireless sensor networks，WSN）的广泛应用是科技发展的大势所趋，它正在并且将一直引发无线传感器及其相关研究领域对人类世界的变革。

一般来说，我们把由大量低成本、低功耗、多功能的传感器节点组成的专用网络系统称为无线传感器网络。节点具有自组织、自恢复和自适应的特点，它们通过无线通信的方式进行信息传递，协同实现一些具体的功能。目标区域的感知参数（如温度、湿度、光照、烟雾、空气颗粒物、地震波、声音和视频等）都可以通过无线传感技术、嵌入式技术、微电子信息技术等技术和软件编程技术实现实时获取。无线传感器网络凭借高感知精确度、高部署灵敏度、高扩展性、高性能稳定性和低生产成本这“四高一低”的先天优势，使其在工业、农业、气象检测、军事侦察、环境监测、火灾报警、交通管理、卫生保健、空间探索等许多领域都有广阔的应用前景。在国际上，无线传感器网络被誉为是继互联网之后的第二大网络革命，2003 年美国《技术评论》杂志评出对人类未来生活产生深远影响的十大新兴技术中，无线传感器网络荣居榜首。

由于巨大的应用前景和潜能，无线传感器网络从诞生之日起就引起了全球学术界和产业界的极大关注，被认为是 21 世纪将改变人类社会的一项重大技术。虽然只经历了短短十几年，但是它的发展和应用已经渗透到人类社会的方方面面。和许多重大技术一样，无线传感器网络也同样起源于军事需求的研究。1973 年美国 DARPA 启动的 PRNet 项目开启了无线传感器网络发展的大门，使得人类社会对自然界的认知和交互水平前进了一大步。在接下来的十几年中，DARPA 继续资助了相关研究小组和大学研究机构并取得了一系列的成果，比较典型的有 UCLA 的 WINs 项目、UC Berkeley 的 PicoRadio 以及 MIT 的 uAMPs 等。进入 21 世纪之后，随着军事和物联网等应用需求的发展，对无线传感器网络的研究更加深入，世界各国政府和产业界均投入巨资加快理论研究和应用的开发工作。出于局部反恐战争的需要，为实现战场情报信息无人侦查和获取，2000 年，美国国防部将无线传感器网络列为国防部门五个尖端领域之一，并提出了 C4ISR 军事计划，侧重于战场信息的感知、采集、处理和运用能力，旨在解决远程空天一体化精确无人打击计划末端信息获取问题。2002 年，享誉世界的 Intel 公司规划了微型传感器网络新的发展方向。2002 年至 2005 年，欧盟制定了 EYES（自组织和协作有效能量的传感器网络）计划，包括来自荷兰、法国、意大利和德国的研究机构，主要研究能量有效的自组织协同传感器，针对分布式信息处理与采集，以及无线通信和移动计算。2004 年，日本和韩国政府也针对本国产业的发展提前部署无线传感器网络技术的研究计划，日本成立了无线传感器网络调查研究会，制定了 U-Japan（2005—2010）等规划。韩国情报通信部先后发布了 IT-839 计划和 U-Korea 战略，并实施严密的监控以抢占高科技发展的制高点。在产业界，IBM、Intel、Microsoft、Philips、Siemens 以及 TI 等全球科技界的领头羊也纷纷独立或者结成联盟展开对无线传感器网络应用上面的研究，并取得了一系列的研究成果。

在我国，中科院等研究机构较早的就跟踪介入针对无线传感器网络的研究工作。在《国家中长期科学和技术发展规划纲要（2006—2020 年）》中，一次就确定了两个与无线传感器网络直接相关的研究方向，由此可见对无线传感器网络的重视程度。2009 年，江苏无锡高新区与中科院合作成立物联网产业研究院，

负责 WSN 标准化方面的工作，是国内无线传感器网络领域内成立较早的科研机构之一。中国国家自然科学基金委员会已批准了多个无线传感器网络方面的重点项目。清华大学、中国科技大学、华南理工大学、武汉理工大学、北京邮电大学等国内知名高校和中科院等研究机构也相继展开了无线传感器网络的研究，取得了丰硕的研究成果。特别是近几年物联网产业的飞速发展，极大地刺激了无线传感器网络在国内的研究和发展。但是无线传感器网络是一个涉及多个高新技术的交叉学科，国内相对薄弱的基础研究能力和产业技术支持都使得我国与世界先进国家无论是在理论还是产业应用上的差距依然巨大。可以预见，随着无线传感器网络在国防军事、精准农业、环境监测等应用领域取得良好的应用效果，结合目前飞速发展的通信技术以及物联网需求，在未来一定有着更广阔的发展空间，相关领域也极具研究价值。

1.1.1 传感器节点的基本结构

无线传感器节点就是一个集成了各种功能模块的微型计算机系统，它是构成无线传感器网络的核心硬件。虽然现实中研制的应用于各种场合的传感器节点种类繁多，但是其原理基本相似，主要结构也接近，如图 1-1 所示。一个无线传感器节点大体包含以下几个部分：电源模块，为整个节点的工作提供必要的能量供给；传感器模块，集成一些对信息采集的传感器和模数转换单元；微处理器模块，管理控制整个软硬件系统，存储和处理信息；无线通信模块，主要由射频基带芯片组成，以完成无线通信任务。

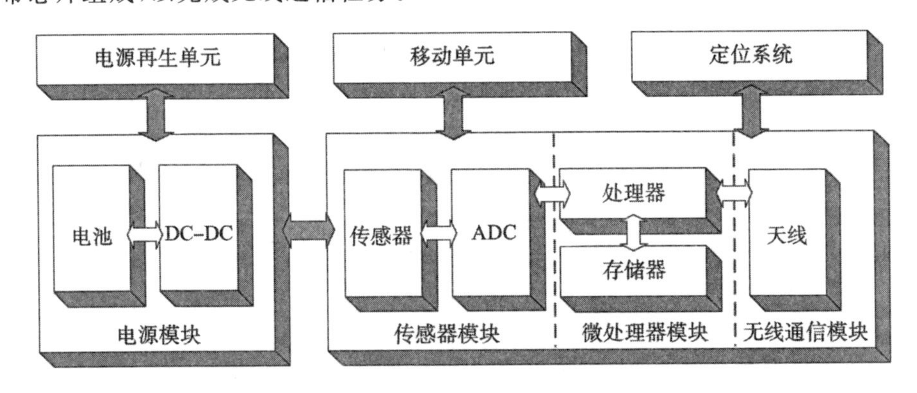

图 1-1 无线传感器节点结构

在某些特殊的应用场景下，还可以根据需要选择性地添加 GPS 定位模块和移动模块，以实现节点的定位和移动功能。在由无线传感器节点组成的网络结构中，还有一种特殊的节点，即汇聚节点(sink)。一般的应用场景中，sink 节点都被认为是能量不受限制、处理能力充足以及具有强大的存储能力和通信能力的发射塔或广播站。它主要负责对整个网络进行简单的全局控制，并收集整个无线传感器网络的检测数据，进行简单处理后通过互联网络或内部网络发送到管理节点。由此可见，与传统的无线网络相比，无线传感器网络由于本身体系结构的独特性，使其具备了与其他网络所不同的特点及应用场景，在接下来的内容中我们会逐一讲述。

因为需要在传感器节点中进行复杂的任务调度与管理，无线传感器网络节点的软件系统通常需要一个微型化的操作系统，UC Berkeley 为此专门开发了适用于无线传感器网络的 TinyOS 操作系统，另外，uCOS-II 和嵌入式 Linux 等操作系统也是不错的选择。无线传感器网络与蜂窝移动电话网络、无线局域网和 Ad hoc 网络等传统的无线网络都是利用无线信号进行通信的，但是它们却有着不同的特点和设计目标。无线传感器网络中，除了少数节点需要移动外，大部分节点都是静止的，而蜂窝移动电话网络的用户普遍处于移动状态，如何在移动情况下保证用户的通话质量，同时最大限度地节省带宽的使用，是蜂窝移动电话网络需要解决的问题。无线传感器网络节点大都以电池供电，能量有限，设计有效的能量策略以及延长网络的生命周期是无线传感器网络的核心问题。

而在传统的无线网络中，节点或者以交流电源作为能源，或者补充能源很方便，因此，能量问题没有无线传感器网络要求得那么苛刻。另外，无线传感器网络以数据为中心的网络特性，以及多跳通信的特点，也与传统网络有着根本的区别。因此，在完成传感器节点诸多任务时，需要充分考虑到其计算和存储资源的有限性，数据的处理算法也要考虑其复杂性。

传感器节点具有多种不同的工作状态，不同的状态下具有不同的能量消耗。而其中又以无线通信所消耗的能量为最大，占整个传感器能量消耗的 80% 以上。因此，目前提出的网络协议主要是围绕减少数据通信能量消耗，延长网络生命周期而进行设计的，这也是本书研究的重点。一般来说，传感器节点有以下六种工作状态。

(1) 睡眠状态：传感器模块关闭，通信模块关闭。此时能量消耗最低，通过一定的机制节点会定时唤醒，参与网络的运行。

(2) 感知状态：传感器模块开启，通信模块关闭。能量消耗也很低，传感器感知所消耗能量在整个生命周期中所占比例很小。

(3) 侦听状态：传感器模块开启，通信模块空闲。能量消耗低，节点通过监听网络信号，调整自己的工作状态。此时通信模块虽然打开，但是由于没有接收和发送动作，一般认为基本不消耗能量。

(4) 接收状态：传感器模块开启，通信模块接收。能量消耗较高，节点需要消耗无线接收模块用于硬件和无线通信所需的能量。

(5) 发送状态:传感器模块开启,通信模块发送。能量消耗最高,这个时候节点基本处于全运行状态,而且通信所消耗的能量随着通信距离的增加急剧上升。

(6) 长期睡眠状态:传感器模块关闭,通信模块关闭。这种状态下,认为该节点已经失去功能,即节点死亡。

传感器节点在不同的工作状态下所消耗的能量差异巨大,以 MicaZMote 节点为例,Stemm 分别统计其发送、接收、空闲和休眠状态下的功能消耗分别为 81 mW、30 mW、30 mW 和 0.03 mW。可以看出,节点在完成自身信息感知和传输任务之后,应尽可能地让自己处于能耗最低的休眠状态,只是在自己的任务期内唤醒,这样就可以节约大量能量。

1.1.2 无线传感器网络的体系结构

无线传感器网络是一种分布式的自组织网络,主要通过随机地撒布一些成本较低、能量受限的小型传感器节点来协同实施环境感知、数据采集和数据发送等工作。传感器节点将收集到的数据通过在节点中的多跳分发等方式路由至汇聚节点,在整个路由的过程中,传输的数据可能经过了中继节点的一些处理(如数据融合等)。最终,汇聚节点再通过互联网或卫星网络等发送数据达到管理节点。具体的体系结构如图 1-2 所示。

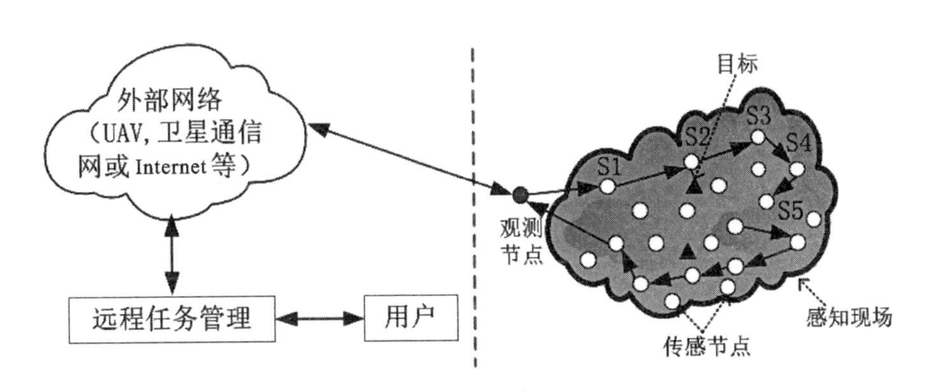

图 1-2 无线传感器网络体系结构

传感器节点本身只是一个具备无线通信能力的小型嵌入式系统,同一些感知元件对周围的环境或目标进行数据采集,再利用其无线通信模块将采集到的数据进行简单处理后发送到 sink 节点。通常情况下,传感器节点的体积较小,且不能随意移动,能量均来自干电池等储能设备。在一般的应用场景中,无线传感器网络的部署方式主要分为精确部署和随机部署两种。精确部署是指通过精确计算每个节点的安放位置,并由人力或机械将每一个传感器安置在具体的地点。在人员易于到达且部署条件较为良好的小规模区域,一般优先采用精确部署。而随机部署则是指通过飞机或车辆等工具随机地撒布到监测区域。这种部署方式一般适用于环境不明朗且人员不易达到的恶劣环境之中。由于随机部署随之导致的节点冗余和撒布不均等弊端,必将导致网络中产生一定的能量浪费,但对于不适宜精确部署的区域,采用这种手段简单可行。在无线传感器网络特有的体系结构中,如何有效地调整部署机制以提高网络能量的利用率、优化检测成本也是当前的研究热点之一。

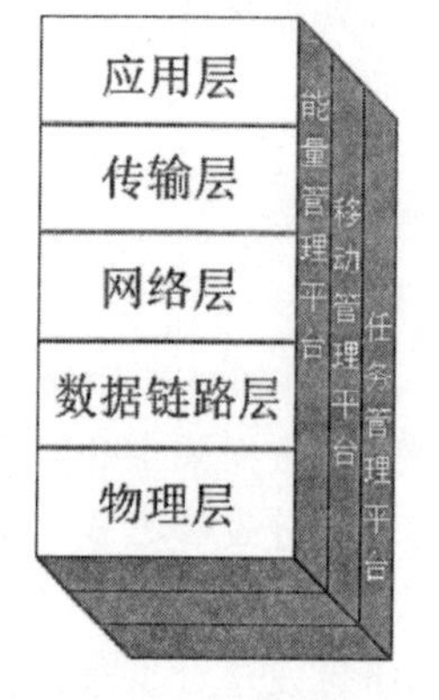

图 1-3　无线传感器网络协议栈

按照当前大多数学者的认定,无线传感器网络的协议栈分为五层,即应用层、传输层、网络层、数据链路层和物理层,如图 1-3 所示。还包括能量管理平台、移动管理平台和任务管理平台协议栈的三个支撑部分。

应用层主要提供面向用户的各种应用服务,其中包括一组基于监测任务的应用软件。应用层方面的研究,主要有传感器查询、任务分配、数据公告协议 TADAP、数据分发协议 SQDDP 和传感器处理协议 SMP 等。

传输层主要负责控制数据流的传输,它可以支持传感器节点建立、维护和取消传输连接,并负责数据流的传输控制,是保证通信服务质量的重要部分,尤其是当无线传感器网络需要外连其他网络时,传输层的作用就愈加重要。不过,目前对传输层的研究处于起步阶段。

网络层主要负责搜索发送方与接收方间的最优路径,将数据分组发送出去。由于在无线传感器网络中大多数节点无法直接与目的节点(或汇聚节点)通信,而是需要路经中间节点进行间接通信,因而节能成为网络层协议的重要指标。无线传感器网络中路由协议设计首要考虑的是能量高效。在无线传感器网络中,路由协议与应用场合高度相关,目前已经提出了多种类型的路由协议,如 Flooding 为代表的平面路由协议,LEACH 为代表的分层路由协议,GEAR (geographical and energy-aware routing)和 GPSR 等基于地理位置的路由协议,SAR(sequential assignment routing)和 EQR 等支持服务质量的路由协议等。

数据链路层负责数据成帧、帧检测、媒体访问控制(media access control, MAC)和差错控制。主要是在 MAC 协议方面,良好的 MAC 协议为点对点或点对多点间的通信提供保证;错误控制保证源节点的信息可以完整准确地传送到目的节点。目前提出的 MAC 协议可分为两种:固定分配和竞争占用。涉及

的主要技术有频分多址(frequency division multiple access,FDMA)、时分多址(time division multiple access, TDMA)、码分多址(code division multiple access,CDMA)、载波监听多路接入/冲突退避(carrier sense multiple access/conflict retreat,CSMA/CA)。除以能量消耗少来设计 MAC 协议外,数据链路层常借助关闭信号收发器使节点处于低功耗的模式。至于错误控制,前向纠错(forward error correcting,FEC)和自动重发请求(automatic repeat request,ARQ)是两种普遍采用的错误控制模式。

物理层主要是定义无线信道和媒体接入(即 MAC)子层之间的接口,提供物理层数据服务和管理服务,具有对采样量化感知数据、调制信号、发送和接收的功能。物理层的通信介质的形式为光波、声波、超声波,以及无线电波和红外线等。物理层采用先进的无线射频传输技术,包括正交频分复用(orthogonal frequency-division multiplexing, OFDM)、多输入多输出(multiple-input multiple-output,MIMO)、低功率直接序列扩频调制(low power direct sequence spread spectrum modulation,DSSS)、超宽带(ultra wide band,UWB)等技术。此外,与各层网络协议相关的能量、任务和移动管理平台可以协助传感器节点调整监测任务,降低整个系统的能耗。其中,能量管理平台负责管理每个节点的能量使用情况;移动管理平台管理节点的移动,即使某节点移到邻居节点也可以被监测到,以便与邻居节点在必要时进行任务分配和均衡能量使用,还能维护汇聚节点 sink 的路由;某一区域内均衡和调度感知任务就由任务管理平台负责。基于这些平台,传感器节点可以高效地完成工作,即使在节点移动的传感器网络中,也可以准确地转发数据,支持多任务和共享资源。

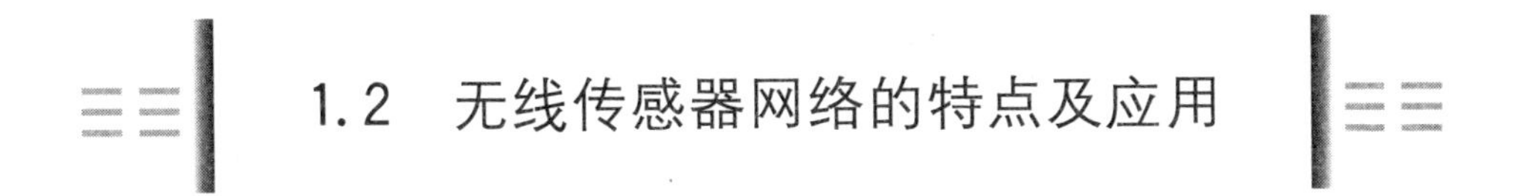

1.2 无线传感器网络的特点及应用

无线传感器网络通常是由大量小规模、低成本的传感器节点构成的一种特殊的自组织网络,与传统的无线网络相比,它具备以下特点。

(1) 网络节点的能量有限。传感器节点一般通过机器或人工的方式撒布在无人照看的环境下执行监测任务,为了保证其轻便性和廉价性,节点体积本身很小,因此只能采用能量有限的电池作为能量来源。一旦电池的能量耗尽,该传感器节点便无法继续工作,宣告“死亡”。在大部分的检测环境中,由于条件恶劣,对“死亡”的传感器节点进行续电操作将消耗太大的成本,因此电池的寿命便成为节点的寿命。由于无线传感器节点的能量往往无法二次补充,这极大地限制了网络对感知区域的监测能力;另外,节点仅能处理低带宽的数据和完成低速率、短距离的无线数据通信。

(2) 有限的计算能力和存储能力。受到其体积的制约和造价成本的考虑，传感器节点的计算和存储单元有限。因此，在设计无线传感器网络时，不能将时、空间复杂度很高的算法应用于节点之上。

(3) 有限的通信能力。对于低成本、能量有限的传感器节点而言，一般选用功率较小数据发送模块，所以一般节点的通信能力和通信距离是受限的。

(4) 低移动性。在大部分应用中，传感器节点都是静止部署在监测区域，其移动特征较小。

(5) 网络的节点部署密度大。在一般的监控场景下，无法实施精确部署，但为了保证节点的监测范围能完全覆盖被监测区域，大量冗余的传感器节点会撒布在网络中，然后通过某种覆盖算法来激活这些节点，这样不仅能保证网络监测的完整性，也能提高整个网络的容错性能。

(6) 自组织特性、网络拓扑结构随时变化。良好的网络拓扑结构可以极大地改善网络数据收集和数据路由的执行效率，也为其他关键技术如数据通信与融合、节点定位等提供了良好的网络拓扑基础。对能量有限的无线传感器网络而言，良好的拓扑控制算法可使网络节省大量能量，有效延长网络对监测区域的覆盖时间，提高无线传感器网络的实际价值。

从无线传感器网络的上述特点可以看到，网络中的传感器节点通常不会预先固定位置安放，而采用随机部署。在网络运行过程中，部分节点会由于能量耗尽而提前“死亡”，或者因为其他原因导致通信中断，这些都会造成网络的拓扑结构时刻变化。而剩余的传感器节点也能自行组织，重新构成新的网络。从广义上来看，无线传感器网络可算是无线自组织(Ad hoc)网络的一种特殊形式。但是，这种网络和 Ad hoc 网络相比，却存在以下不同：首先，传感器网络由于部署的随机性，网络中的节点数量很多，部署的节点密度相对很大；其次，由于传感器节点本身的特性，使得传感器网络的能量有限，其节点的计算能力、存储和通信能力等均受到制约；再者，由于传感器节点通常部署在恶劣环境，但设备的成本相对低廉，因此节点容易发生故障，导致过早“死亡”，这样也促使网络的拓扑结构不断地发生变化；此外，传感器网络中经常会使用广播通信，而无线链路的不可靠性容易导致网络中的数据到达可信度低。因此，可以得知，大部分适用于 Ad hoc 网络的路由协议并不能有效作用于无线传感器网络。

从另外一个角度来说，正是因为无线传感器网络低成本、易部署的优点，使其在许多领域得到了广泛应用，主要有以下几方面。

(1) 军事应用。自组织、自适应、高密度和容错性等生存能力强的特点，使得无线传感器网络不会因为少数节点的“缺位”而导致整个系统的瘫痪。通过隐形飞机将微型传感器随机播撒到敌方区域，尤其是恶劣的战场环境中，能非常方

便、隐蔽地完成各项侦查、监控、目标定位等任务，受到军事发达国家的普遍关注。美国陆军系统先后确立了“灵巧传感器网络通信”“无人值守地面传感群”“战场环境侦察与监视系统”等一系列军事计划项目。为提高测量精度和对目标的命中率，美国海军制定了通过传感器从多角度对目标进行监测的协同交战计划，国防高级研究计划局的“嵌入式网络和系统技术”项目也印证了其精准的定位能力。

（2）医疗健康。无线传感器网络利用其自身的优点，如低费用、简便、快速、实时、无创地采集患者的各种生理参数等，使其在医疗研究、医院普通/ICU 病房或者家庭日常监护等领域中有很大的发展潜力，是目前研究领域的热点。在病人身上放置用于检测人体参数的微型传感器节点，可对病人的心率、血压、心电、心音等生理参数进行远程实时监测，并将信息汇总传送给监护中心，进行及时处理与反馈；利用传感器网络长期收集被观察者的人体生理数据，对了解人体健康状况以及研究人体疾病都很有帮助。此外，在药物管理和研制新药品、血液管理等诸多方面，也有其独特的应用。无线传感器网络为未来的远程医疗监护系统提供了更加简便、低费用的实现手段。

（3）环境生物科学。无线传感器网络在监测森林火灾、山洪水灾、候鸟跟踪和精细农业等方面的应用比较多。例如，美国加州大学的工作人员在大鸭岛上安放了 32 个由湿度、温度、气压和红外线传感器等组成的节点组，将它们接入互联网，形成无线传感器网络系统，采用这个无线传感器网络系统来对大鸭岛上海燕的生活习性进行监测，从而可以实时获取大鸭岛上的气象数据，评估海燕筑巢的环境条件。此外，农学专家通过监测土壤的温度、湿度、酸碱度、含水量、光照强度等数据来获得农作物生长所需的最佳条件。农林部门利用无线传感器网络系统来统计暴雨时的降雨量和土壤含水率等数据，预测爆发山洪的概率。

（4）智能家居。智能化的家居条件是 21 世纪人们幸福生活追求的目标，人们对智能家居中高端需求也日益高涨，智能家居市场逐渐打开。传感器节点可以内置在空调、冰箱、电视机、热水器等家用电器中，借此组建一个家庭智能化网络并接入 Internet，借助远程操作系统对家中电器设备进行遥控，用户也可以掌控家中的监视器、计算机等设备。例如，可以在下班之前遥控打开空调或者热水器，使其按照自己的意愿做出灵活的反应，这将为人们提供更加便利、舒适和人性化的家居环境。

（5）宇宙空间探索。人类对外太空的探索和研究的脚步不曾停留，随着人类宇宙空间探索能力不断提高，对地球以外星系的研究必定会进一步深入，宇航员借助航天器将传感器节点撒播在其他星球上，就可以通过终端设备对星球表面进行长时间、大范围、高分辨率地监测。

（6）智能交通。为了提高交通运输效率，缓解交通阻塞，提高路网通过能力，减少交通事故，降低能源消耗，减轻环境污染，智能交通系统应运而生。所谓智能交通系统，主要包括交通信息的采集、交通信息的传输、交通控制和诱导等几个方面。无线传感器网络可以为智能交通系统的信息采集和传输提供一种有效手段，用来监测道路各个方向的车流量、车速等信息，并运用计算方法计算出最佳方案，同时输出控制信号给执行子系统，以引导和控制车辆的通行，从而达到预设的目标。

(7) 气象污染检测。随着现场总线、无线通信、传感器等技术的不断发展和广泛应用，气象观测技术的自动化和信息化水平也在不断提高。例如，气象卫星利用搭载的各种传感器，接收和测量地球及其大气层的可见光、红外和微波辐射等信息。地面基站将卫星传来的信号还原，绘制成准确的云层、地表和海面图片，再经处理得出各种气象资料。通过不同传感器采集气象观测数据，地面站通过对这些信息进行分析，就可以掌握雾霾的分布、强度等情况。

(8) 安全生产监控。无线传感器网络能够有效解决传统的安全生产监控方式中，采用有线组网方式导致的各种问题，包括：在出现网络故障时短时间内难以定位故障点，采集的数据信息由于受到邻近大功率设备影响造成准确性较低，以及信息反馈的实时性差、可靠性低、安全性差等问题。例如，采用无线传感器网络实现矿井瓦斯浓度的监控，安全采矿，保障矿工的生命安全；利用无线传感器网络搜集大桥、大楼的震动幅度、被侵蚀程度等数据，及时了解建筑结构的安全情况。

1.3 无线传感器网络研究的关键技术

无线传感器网络由于其本身固有的特点，使其与有线网络和传统的无线网络存在显著的区别，因此现有的网络技术不能直接应用在无线传感器中，这也使得我们在这个领域面临着更多的问题和挑战。但由于无线传感器网络不可替代的优势，使得越来越多的研究者开始探索这片仍需大量挖掘的领域。从目前的研究内容和成果来看，当前无线传感器网络的关键技术主要包括：网络拓扑结构控制、网络协议研究、数据融合及管理、QoS 保证、节点定位、通信安全等。

(1) 网络拓扑结构控制。网络拓扑结构控制对于无线传感器网络而言具有十分重要的意义。目前拓扑结构控制领域主要研究在保证传输质量和速率的前提下，如何使用功率控制等方法来尽量减少网络中冗余的通信链路，形成一个高效的网络拓扑结构。一个良好的网络拓扑结构能有效地提高各层协议的效率，还可以给数据融合、节点定位等打下基础。应用于不同场景的无线传感器网络

拓扑结构应当具备不同的形态和方式，如何合理地改善网络拓扑结构，对于减少能量消耗和延长网络寿命等方面具有重要意义。

（2）网络协议。在无线传感器网络的网络协议研究领域，主要将协议分为集中式和分布式两种。集中式协议一般应用在小型通信复杂的网络，常见做法是通过基站掌控的全局信息广播全局最优的指导信息，节点收到广播信息后做出相应动作。集中式协议由于其掌握了全局信息，并给出了全局范围内的优化，因此其协议性能指标较为优异，但此种协议灵活性不强，对于大型网络，更不能适用。所以网络协议的研究更偏向于分布式算法，在此算法中每一个节点只能感知周围范围内的其他节点信息，因此我们的协议不能设计得过于复杂。能量有效性是无线传感器网络设计中最重要的目标，而网络层上的路由协议和数据链路层上的 MAC 协议对无线通信模块的能量消耗起着至关重要的影响，因此网络层协议和数据链路层协议成为研究的重点。

（3）定位技术。位置信息是传感器节点采集数据过程中不可或缺的部分，没有位置信息的感知数据通常是没有意义的，传感器节点的定位可利用 GPS 设备，但由于 GPS 模块会增大传感器本身的成本和体积，传感器节点的定位算法也成为当前研究的热门。在随机部署的网络中，节点在部署后并没有自己的位置信息，因此必须尽快进行自身定位。由于传感器节点固有的能量有限，计算、存储和通信等能力受限等特点，定位算法的设计必须满足能量高效、分布式、抗干扰力强等特点。

（4）可靠数据传输技术。在无线传感器网络中，传感器节点之间通常采用无线链路进行点对点通信或广播通信，而目前的研究表明传感器节点之间的无线通信链路具有很高的丢包率，这对于数据收集的可靠性和准确性而言无疑是最大的隐患。为了保证数据的达到率，很多研究工作围绕 MAC 层的可靠性进行，核心思想是通过重传来保证数据的到达率。但是大量的数据包重传又导致节点消耗过多的能量，从而使得网络的真实性能远远低于之前的预测。因此，如何合理地设计针对无线传感器网络自身特点的可靠性数据传输协议，也是当前传感器网络研究的重心之一。

第2章

基于 IEEE 802.15.4 的无线传感器网络信道访问机制

2.1 IEEE 802.15.4 标准体系结构

IEEE 802.15.4 和 ZigBee 是目前应用最为广泛的无线传感器网络标准。IEEE 802.15.4 工作组于 2000 年 12 月成立，以低速率传输、低能量消耗、低成本为重点研究对象，对低速率无线个域网（low rate wireless personal area networks，LR-WPAN）中的物理层及 MAC 层的相关标准的实施起到了重要作用。由于 LR-WPAN 网络与无线传感器网络有很多相似之处，许多无线传感器网络的应用开发都是以 IEEE 802.15.4 标准为参考，众多研究机构也将 IEEE 802.15.4 作为无线传感器网络的通信标准。ZigBee 联盟于 2001 年 8 月成立，作为一个针对无线个域网而建立的产业联盟，同样致力于低功耗、低数据速率、低成本的短距离无线通信网络规范的制定。该组织定义了 ZigBee 网络层、应用支持子层和应用层的相关规范。另外，IEEE 802.15.4 作为底层标准已被 ZigBee 联盟采用，成为 ZigBee 无线解决方案的一部分。

无线传感器网络通常需要进行传感器节点的大规模部署，因此，网络的可扩展性是网络协议设计需要重点考虑的一个因素。与传统网络相比，无线传感器网络是一种以数据为中心的无线自组织网络。传感器节点被部署到被检测环境中后自行构成网络，其基本网络拓扑可分为基于簇的分层结构、基于 Mesh 的平面结构和基于链的线结构。簇树拓扑结构的可扩展性要优于其他拓扑结构，因而更适合应用于大规模无线传感器网络。近年来，ZigBee 联盟在 IEEE 802.15.4

物理层及 MAC 协议的基础上定义的簇树拓扑结构，在无线传感器网络研究领域受到越来越多的关注。

数据链路层的媒体访问控制(media access control，MAC)主要实现为数据传输建立通信链路，控制传感器节点的通信过程和工作模式，使其能公平有效地共享通信资源。无线传感器网络的 MAC 协议首要关心的是网络的节能性和可扩展性，其次才考虑其公平性、实时性、网络吞吐量及带宽利用率等。而且，随着集成电路工艺的发展，无线传感器网络节点的处理器和传感器模块的功耗已经很低，绝大部分能量消耗均在无线通信模块上，而节点能量的不必要消耗主要用于空闲侦听和碰撞重传等。因此，为了使网络通信更加有效率，无线传感器网络的 MAC 层协议在设计上，通常设置传感器节点在需要收发数据时才侦听无线信道，无需通信时则尽量进入睡眠状态。

IEEE 802.15.4 标准作为针对低速率、低功耗、低成本无线个域网的标准，在网络拓扑结构、设备类型、无线频率和数据传输速率、数据传输模型及网络安全等方面对 LR-WPAN 做出了定义。LR-WPAN 设备体系结构如图 2-1 所示，IEEE 802.15.4 标准包括物理层(PHY-Layer)标准和媒体访问控制子层(MAC-Sublayer)标准两部分。

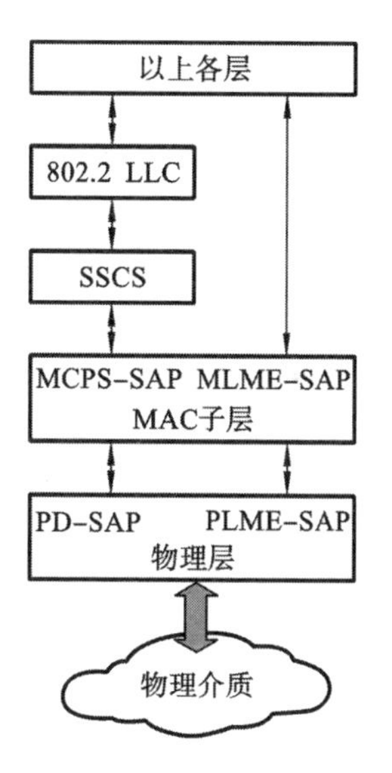

图 2-1　IEEE 802.15.4 LR-WPAN 设备体系结构

IEEE 802.15.4 LR-WPAN 设备体系结构可应用于嵌入式设备或需要外部计算机支持的设备上。其中，上层主要包括提供网络配置管理、消息路由等的网络层和实现设备特定功能的应用层，IEEE 802.15.4 标准并未将对于它们的定义涵盖其中。IEEE 802.15.4 标准定义的 MAC 层可支持通过服务汇聚子层(service-specific convergence sublayer，SSCS)承载的 IEEE 802.2 LLC 为上层提供链路层服务，同时也允许上层直接使用 MAC 层提供的服务。

2.1.1　物理层

IEEE 802.15.4 标准定义的物理层提供两种服务：数据服务和管理服务，分别通过物理层数据服务访问点（PHY data service access point，PD-SAP)和物理层管理实体服务访问点(physical layer management entity service access point,PLME-SAP)接入。其中,物理层数据服务实现物理层协议数据单元(PHY protocol data unit,PPDU)通过无线物理信道的发送和接收。

IEEE 802.15.4标准的物理层设计可实现低功耗的射频发送和接收,主要负责完成以下任务:

- 激活关闭射频收发单元;
- 信道能量检测(energy detect,ED);
- 链路质量指示(link quality indication,LQI);
- 信道频率选择;
- 空闲信道评估(clear channel assessment,CCA);
- 发送、接收数据包。

其中,信道能量检测主要测量目标信道中接收信号的功率强度,作为信道选择的依据;链路质量指示为上层提供一个反映接收信号质量的信噪比指标;空闲信道评估负责判断当前信道是否已被占用。

IEEE 802.15.4标准定义的无线通信网络工作在3个无需使用申请的ISM(industrial scientific medical)频段,其中868～868.6 MHz是欧洲的ISM频段,902～928 MHz是北美的ISM频段,2400～2483.5 MHz是全球统一的ISM频段。IEEE 802.15.4物理层基本参数如表2-1所示,在868～868.6 MHz和902～928 MHz频段上的传输速率分别为20 Kb/s和40 Kb/s。这两个频段的无线信号传播损耗较小,有效通信距离较远,从而可以用较少的设备覆盖指定区域。2400～2483.5 MHz频段上采用高阶调制技术,传输速率可达250 Kb/s,能够用更短的时间完成通信任务,从而节约设备用于传输数据消耗的能量。

表2-1 IEEE 802.15.4物理层频段以及数据传输速率

频段/MHz	数据参数			扩频参数	
	比特速率/(Kb/s)	符号速率/(ksymbol/s)	符号	码片速率/(kchips/s)	调制方式
868～868.6	20	20	二进制	300	BPSK
902～928	40	40	二进制	600	BPSK
2400～2483.5	250	62.5	十六进制 正交	2000	O-QPSK

2.1.2 MAC层

IEEE 802.15.4标准定义的MAC子层也提供两种服务,即通过MAC公共部分子层服务访问点(MAC common part sublayer service access point,MCPS-SAP)提供的MAC数据服务和通过MAC子层管理实体服务访问点(MAC

sublayer management entity service access point,MLME-SAP)提供的 MAC 管理服务。其中,MAC 数据服务实现 MAC 协议数据单元(MAC protocol data unit,MPNU)通过物理层数据服务的发送和接收。

IEEE 802.15.4 标准的 MAC 子层实现对无线物理信道的访问控制,主要负责完成以下任务:

- 协调器产生信标(beacon);
- 网络内信标同步;
- 支持 PAN 的关联和取消关联;
- 支持设备安全;
- 采用载波监听多址接入/冲突避免(carrier sense multiple access with collision avoid,CSMA/CA)的信道访问机制;
- 支持保证时隙机制;
- 为两个对等的 MAC 实体间提供可靠连接。

其中,信标主要用于识别 PAN、同步网络设备及描述超帧结构;关联是指一个设备在加入 PAN 时,PAN 协调器对其进行身份验证并允许其加入网络的过程;而当设备离开 PAN 或切换至另一网络时,则需要对其进行取消关联操作。

OSI 七层参考模型中 MAC 子层的主要功能是规范信道访问方式,通过一定的共享机制使网络中设备能够平等、有效地访问物理信道。IEEE 802.15.4 标准定义的 MAC 子层提供两种信道访问方式:基于竞争的 CSMA/CA 信道访问机制和类似于时分复用的非竞争的保证时隙(guaranteed time slot,GTS)信道访问机制。这两种机制分别在超帧内的不同时段中实现。

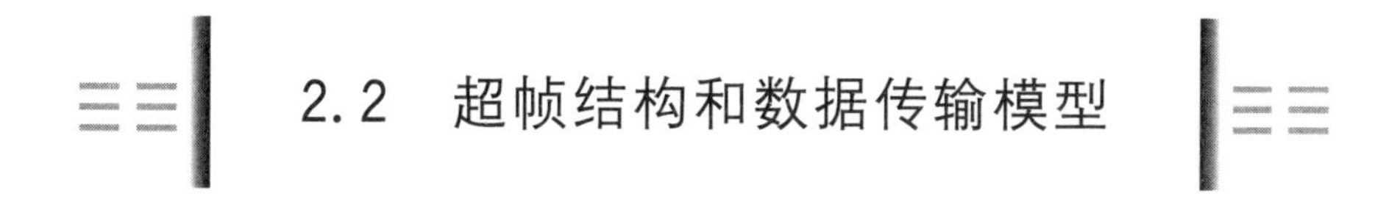

2.2 超帧结构和数据传输模型

IEEE 802.15.4 标准定义的 LR-WRAN 中,可以使用超帧(super frame)结构周期性地组织网络中的设备进行通信。一个超帧的开始和结束由网络协调器发出的信标(beacon)来界定,信标的用途主要包括同步网络设备、识别 PAN 及描述超帧格式。信标在每个超帧的第一个时隙由协调器向网络中设备进行广播,其中包含了超帧持续时间及时隙分配等信息,网络中设备将根据这些时隙安排信息来完成各自的通信任务。

如图 2-2 所示,一个超帧持续的时间一般可分为活跃时段和非活跃时段两部分。在非活跃时段内,网络中设备不会进行通信,而是进入休眠状态以减少能量消耗。超帧的活跃时段由信标占用的时间、竞争访问时段(contention access period,CAP)和非竞争访问时段（contention free period,CFP)组成，被划分为16个等长的时隙。每个时隙持续的时间长度、竞争访问时段和非竞争访问时段的时隙分配等参数由网络协调器决定，并在其发送的信标中给出。

一个超帧由两个相邻的信标帧界定，包括信标帧、活跃周期、不活跃周期三部分。在超帧第一个时隙内，网络协调器发送信标帧，通知其他设备本超帧的持续时间、活跃周期持续时间以及保障时隙分配信息。随后设备进入活跃周期，活跃周期被划分为16个等长的时隙，根据接入信道的方式可划分为两个阶段：竞争访问阶段和非竞争访问阶段。在竞争访问阶段，设备采用时隙的CSMA/CA机制接入信道；在非竞争阶段，协调器根据上一超帧期间网络中的设备申请保证时隙(GTS)的情况，将非竞争时段划分为若干个GTS分配给申请设备，在特定的GTS内拥有GTS使用权的设备可以无竞争地接收或发送数据帧。在不活跃时隙中，网络中的设备进入休眠状态直到超帧结束。

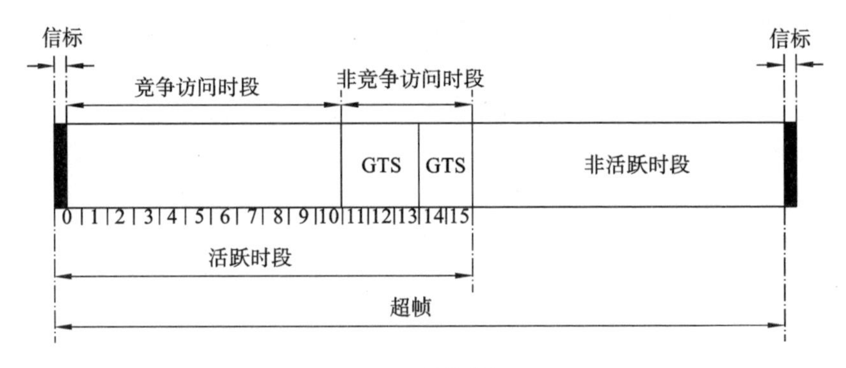

图 2-2 超帧结构

• 竞争访问时段(CAP)。在每个超帧中，信标之后即是竞争访问时段。在图2-2所示的超帧结构中，该时段持续至时隙10结束。在竞争访问时段内，网络中各设备采用CSMA/CA竞争机制占用信道并与网络协调器进行通信。

• 非竞争访问时段(CFP)。非竞争访问时段是为了保证满足某些设备的时延要求而设置的，它开始于竞争访问时段之后，结束于活跃时段的末尾。PAN协调器根据上一个超帧周期内网络中设备对保证时隙（guarantee time slot,GTS)的申请情况，分配至多七个GTS并由其组成非竞争访问时段。每个GTS由若干个时隙组成，如图2-2所示的超帧结构中，第一个GTS由时隙11～13构成，第二个GTS由时隙14和15构成。CFP中每个GTS已分配了一个指定设备。在这些保证时隙中，其他设备无法通过竞争访问的方式获得信道的使用权。

IEEE 802.15.4标准定义的LR-WPAN中的数据传输场景，按照发送接收设备和传送方向的不同，可分为以下三种情况：

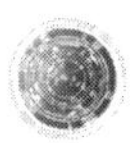

- 网络设备向协调器发送数据；
- 协调器向网络设备发送数据；
- 两个对等设备之间传送数据。

在星型拓扑结构的网络中，数据只能在协调器和网络设备间进行传送，因此只存在前两种数据传输场景。而在点对点拓扑结构的网络中，这三种数据传输场景都可能存在。根据该 LR-WPAN 是否为信标使能网络，数据传输模型会有所不同。如果网络不需要同步且对传输时延要求不高，则可以选择在数据传输中不使用信标。

（1）网络设备向协调器发送数据。

在信标使能的 LR-WPAN 中，当一个网络设备需要向协调器发送数据时，首先应侦听网络信标；实现超帧同步后，该设备即可用 Slotted CSMA/CA 机制竞争占用信道并将数据发送给协调器；在接收到数据后，协调器可以向网络设备回复一个确认帧（acknowledgment frame）以示发送成功，整个过程如图 2-3 所示。

在非信标使能的 LR-WPAN 中，当一个网络设备需要向协调器发送数据时，只需以 unslotted CSMA/CA 方式竞争占用信道后即可进行数据传输；在接收到数据后，协调器可选择以回复一个确认帧的方式通知网络设备数据发送成功，整个过程如图 2-4 所示。

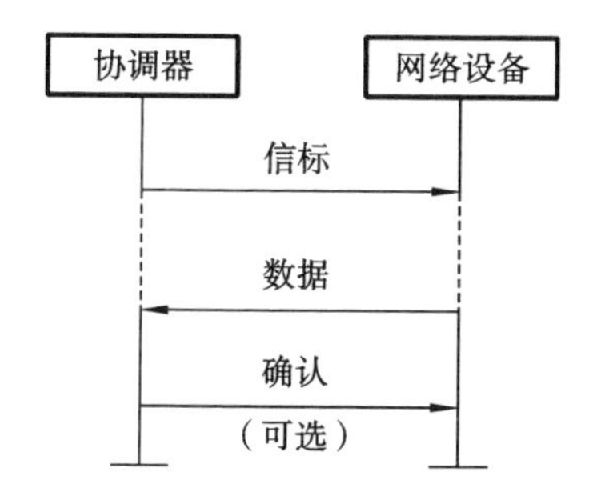

图 2-3　信标使能网络中设备向协调器发送数据

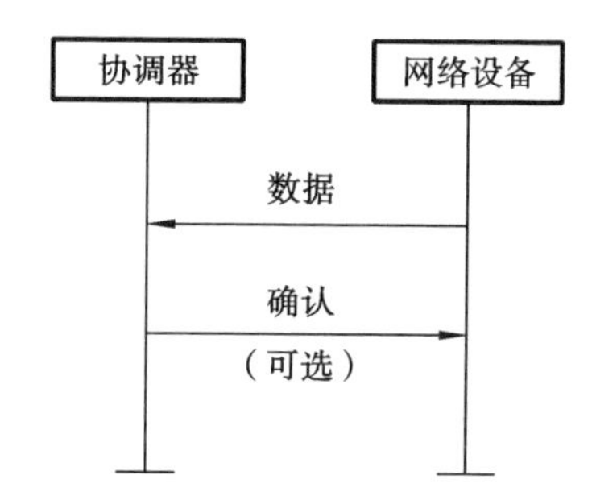

图 2-4　非信标使能网络中设备向协调器发送数据

（2）协调器向网络设备发送数据。

在信标使能的 LR-WPAN 中，当协调器需要向某个网络设备发送数据时，其向网络广播的信标中就会指示有数据正在等待发送；网络中的设备周期性侦听网络信标，若发现协调器有数据待发送，即会以 slotted CSMA/CA 方式向其发送一个数据请求 MAC 命令；协调器在收到数据请求后，回复给该设备一个确认帧并开始向其发送数据；网络设备在成功接收数据后向协调器发送一个确认帧，协调器便会在信标中将此数据待发送的指示消除，整个过程如图 2-5 所示。

在非信标使能的 LR-WPAN 中，当协调器有数据需要向某网络设备发送时，便会等待该设备用 unslotted CSMA/CA 机制向其发出数据请求；网络中设备可以根据已定义好的时间间隔，周期性地向协调器发送数据请求；协调器在收到数据请求后，回复给请求设备一个确认帧；如果有属于该设备的数据正在等待发送，协调器即会用 unslotted CSMA/CA 机制向其传送数据；在成功接收数据后，网络设备会向协调器发送一个确认帧，整个过程如图 2-6 所示。

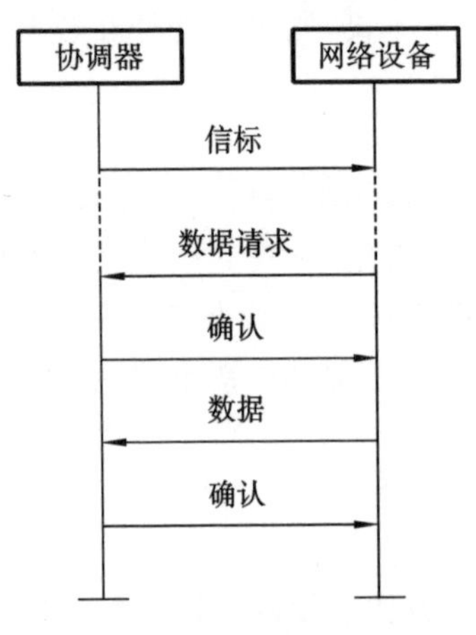

图 2-5　信标使能网络中协调器向网络设备发送数据

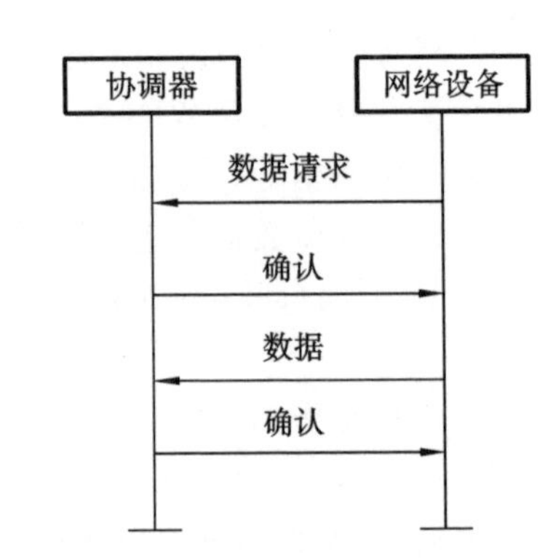

图 2-6　非信标使能网络中协调器向网络设备发送数据

(3) 两个对等设备之间传送数据。

在点对点拓扑结构的 LR-WPAN 中，每个设备均可与在其无线通信范围内的设备进行通信。为实现这一目标，网络中设备需要持续处于接收状态，可以用 unslotted CSMA/CA 机制进行数据传送；或者通过某些机制使网络中设备保持同步，超帧结构中的保证时隙可以是实现这种同步的一种方式。

2.3　MAC 层丢包率研究

低功耗、低复杂度和短距离通信是无线传感器网络协议设计的主要指标。IEEE 802.15.4 协议是无线传感器网络应用中采用的一个很成功的标准，其优化研究和实际应用受到学术界和工业界的广泛关注。由于无线信道的噪声影响以及信道竞争采用时隙/非时隙 CSMA/CA 共享，访问机制 IEEE 802.15.4 媒体接入控制(media access control，MAC)层在设计时需要考虑碰撞现象、丢包问题和重传机制通过合适的优化以提高数据传输的可靠性。

很多研究工作通过建立基于 IEEE 802.15.4 MAC 协议的模型研究了数据发送、数据丢包、数据碰撞和数据传输的冲突等性能问题，但是所提出的模型都有待进一步改进。本节重点研究节点在基于重传的数据传输过程中的状态转换动态过程，设计了基于 IEEE 802.15.4 协议的节点工作过程数学模型，研究协议参数和网络参数对数据帧碰撞、重传和丢包的影响。

2.3.1 基于重传的 IEEE 802.15.4 网络丢包率研究

随着 IEEE 802.15.4 在无线传感器网络的广泛应用，实时可靠的 MAC 层数据传输成为评估 IEEE 802.15.4 MAC 协议性能的重要指标。而数据帧碰撞严重影响数据帧发送成功率，所以减少 MAC 层数据帧碰撞现象和降低丢包率成为优化协议的一个重要方法。

为了解决碰撞造成的数据包丢弃问题，在 MAC 协议中采用数据帧重传机制，基于重传的丢包率是在数据帧的重传次数达到最大重传次数值后仍发送失败的概率。基于重传的机制可以一定程度降低数据帧的丢包率。

在基于信标使能的 IEEE 802.15.4 网络中，节点以超帧作为访问信道的基本周期，合理地设计节点的工作状态转换过程能够优化数据帧的丢包现象。节点工作的超帧周期包含休眠期与活跃期两部分。其中活跃期可以分为信标期、退避等待期和数据传输期。为了降低数据帧发送的碰撞概率，规定网络节点在以下状态及时进入休眠以便改善数据传输性能：

(1) 退避等待期内，如果节点后退了最大的退避次数仍然传输失败；

(2) 活跃期内网络节点没有传输任务后进入休眠期；

(3) 按照超帧周期规定活跃期结束后进入休眠期。

设网络中各个节点的非饱和负载到达过程互相独立，服从泊松过程。由于节点工作过程是一个动态的离散过程，所以下面利用二维马尔科夫链对节点的工作状态建模，模型如图 2-7 所示。图中，单个独立节点按照超帧周期安排节点的工作状态，H、A、E 和 D 分别是节点休眠状态、节点后退等待状态、节点信道监测状态和节点传输数据状态。概率 h 和 r 分别表示节点两次信道检查失败的概率。而 $\mathrm{A}_{i,k}$ 表示节点第 i 次检查信道为不空闲后第 k 个时隙的等待状态（$i\in[0,\mathrm{maxNB}]$，$k\in[0,W_i-1]$）。maxNB 是节点退避等待轮数 NB 的极限值。每轮退避等待的时间区间逐步加长，以减少信道冲突现象，节点第一轮退避等待的时间区间 $W_0=2^{\mathrm{minBE}}$，其第 i 次退避等待的时间区间 W_i 为 $W_0 2^i$，$\mathrm{maxBE}-\mathrm{minBE}\leqslant i\leqslant\mathrm{maxBE}$，minBE 和 maxBE 分别为后退指数的最小值、最大值。g_1 是节点发送一个数据帧后没有任务的概率，g_2 表示节点休眠期结束后仍没有发送任务的概率，$g_2=\mathrm{e}^{-\lambda W0}$，$g_1=\mathrm{e}^{-\lambda T_{\mathrm{service}}}$，$T_{\mathrm{service}}$ 为单位数据包的平均服务时间。

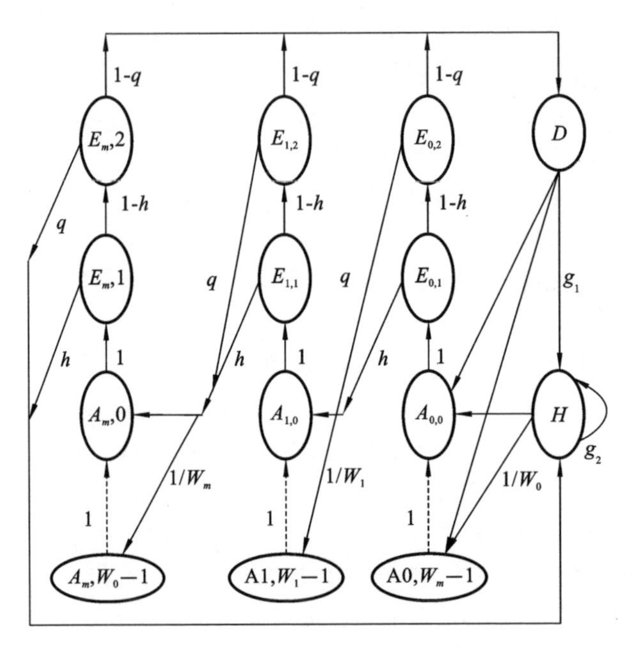

图 2-7　单个节点工作过程模型

节点工作过程模型中各个状态的转移概率和稳态概率方程描述如下：

$$
\begin{aligned}
&P\{T \mid E_{i,2}\} = 1-r, i \in (0,m) \\
&P\{A_{0,k} \mid E_{m,1}\} = (1-g_2)\alpha/W_0, k \in (0, W_0-1) \\
&P\{A_{i+1,k} \mid E_{i,1}\} = h/W_i, i \in (0,m), k \in (0, W_i-1) \\
&P\{A_{0,k} \mid D\} = (1-g_1)/W_0, k \in (0, W_0-1) \\
&\pi_H = (1-r)\sum_{i=0}^{m}\pi_{E_{i,2}} \\
&\pi_{E_{m,2}} = (1-h)\pi_{E_{m,1}} = (1-h)\pi_{A_{0,0}}Z^m = (1-h)\pi_{A_{0,0}}E^m \\
&\pi_D = [g_1(1-Z^{m+1})\pi_{A_{0,0}} + h\pi_{A_{0,0}}Z^m + r(1-h)\pi_{A_{0,0}}Z^m]/(1-g_2)
\end{aligned}
\tag{2-1}
$$

根据转移概率，节点的数据传输状态、信道监测状态和后退等待状态的总稳态概率推导如下：

$$\sum_{i=0}^{m}\pi_{E_{i,1}} = \sum_{i=0}^{m}\pi_{A_{i,0}} = \pi_{A_{0,0}}(1-Z^{m+1})/(1-Z) = \eta$$

$$\pi_D = (1-r)(1-h)\eta$$

$$\sum_{i=0}^{m}\pi_{E_{i,2}} = (1-h)\eta$$

$$\sum_{i=0}^{m}\sum_{k=1}^{W_i-1}\pi_{A_{i,k}}=\frac{1}{2}\Big[W_0 2^{\text{maxBE}-\text{minBE}}\times\frac{Z^{\text{maxBE}-\text{minBE}+1}-Z^{\text{NB}}}{1-Z}+W_0\frac{1-(2Z)^{\text{maxBE}-\text{minBE}+1}}{1-2Z}-\frac{1-Z^{\text{NB}+1}}{1-Z}\Big]\times\pi_{A_{0,0}} \quad (2\text{-}2)$$

基于上文对数据帧重传概率和基于重传的丢包问题的研究，通过实验来定量分析 802.15.4 网络中参数 minBE、NB 以及 λ、重传概率、误码率和节点数 N 等网络环境参数对 MAC 层丢包率的影响，同时也对本书提出的节点传输数据帧的工作过程模型进行评价。

假设 λ 为 0～100 包/秒。NB 值为 4～6，每轮退避后信道检查次数 CW 为 2，BE 值为 2～5。N 为 15，信标指数 BO 值为 6，超帧指数 SO 为 4，数据包长 L 为 6 时隙。BI 值为 $960\times0.016\times2^{\text{BO}}$，超帧活跃期为 $960\times0.016\times2^{\text{SO}}$。接收信标帧时间为 $T_{\text{b}}=0.3$ slot。1 slot 时间值为 0.32 ms。下面分析 IEEE 802.15.4 MAC 子层数据帧丢包率性能。

依据节点工作过程模型的数学分析和推导计算，下面对节点的数据帧碰撞概率和重传概率进行分析。如果多个网络节点同时检测到信道空闲，随后向目的节点传输数据，目的节点发生数据帧碰撞的概率为：$p_{\text{冲突}}=1-(1-s)^{N-1}$，其中 s 为节点开始传输数据帧的概率，即是 π_{D}。节点重传概率可以表示为 $p_{\text{重传}}=p_{\text{冲突}}\times(1-c^{m+1})$，$c$ 为节点两次信道监测都忙碌的概率。

图 2-8 是数据帧重传概率随数据包到达速率变化的趋势图。显然，随着 λ 的增大，重传概率缓慢增加。可以看到，NB 和 BE 对重传概率影响较小。另外，如图 2-8 所示，BE 越大，重传概率越小，这说明初始后退指数大时，节点检查信道之前后退等待的时间稍微长些，网络节点评估信道状态不空闲的概率小些，MAC 层碰撞概率稍微低些。另外，后退次数 NB 越大时，重传概率越小。这是因为设置大的 NB 时，节点后退等待的次数增多，其后退等待时间也相对长些，节点尝试接入信道的概率降低，信道发生冲突的概率自然减小。

图 2-9 为基于重传机制的数据帧丢包率随数据帧到达速率的变化趋势图。从图 2-9 可以看出，随着 λ 的逐渐增大，数据帧的丢包率逐渐变大，这说明节点数据发送负载比较小时 MAC 层的丢包率很低。另外，最小后退指数 minBE 越大，有重传的数据帧丢包率越小，这是因为节点后退等待时间变长之后，一定程度降低了信道的冲突概率，有重传的丢包率也相应降低。而后退次数 NB 越大，数据帧丢包率越小。这说明节点检查信道前的退避时间越长，就可能降低信道冲突，丢包现象相应减少。图 2-9 反映出在同等负载情形下，NB 对丢包率的影响比 BE 的大。

图 2-10 描述了基于重传机制的数据帧丢包率随重传次数的变化趋势。显然，重传次数越多，丢包率越小，这说明多次重传会提高数据帧的成功发送概率，

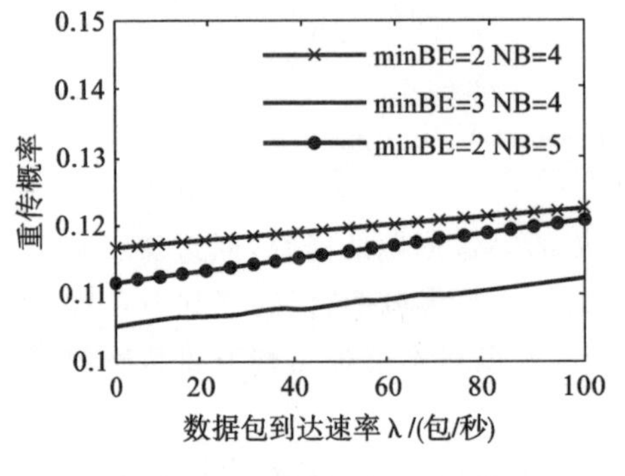

图 2-8 重传概率随 λ 变化图

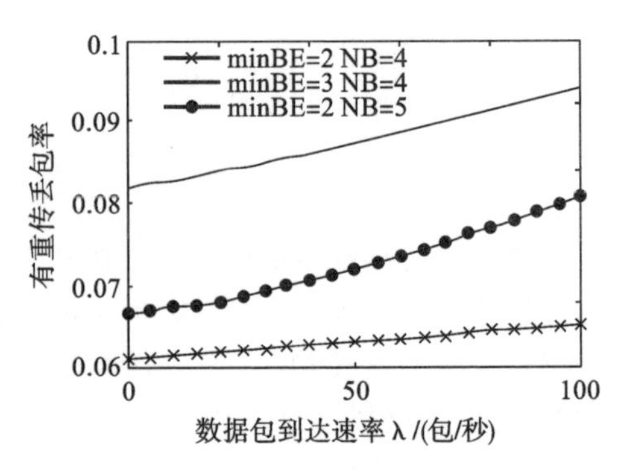

图 2-9 有重传丢包率随 λ 变化图

这符合网络节点的工作特点。而且，重传次数对丢包率的影响较大。从图 2-11 可以看出，随着信道误包率增大，数据帧的丢包率快速增大。这说明信道质量对 MAC 层的影响很大。另外，反映出在同等的信道质量状态时，BE 和 NB 对丢包率的影响不是很大。例如，minBE 越小时，节点后退等待时间相对缩短，一定程度加重了数据帧的碰撞，增大了数据丢包率。并且 NB 越小，数据帧丢包率越大。这是因为较小的 NB 减少了节点的后退避让时间，相应加剧了信道冲突。

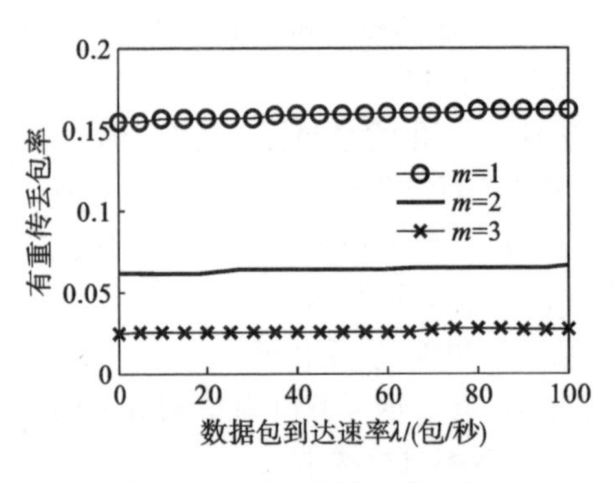

图 2-10 丢包率随 m 的变化

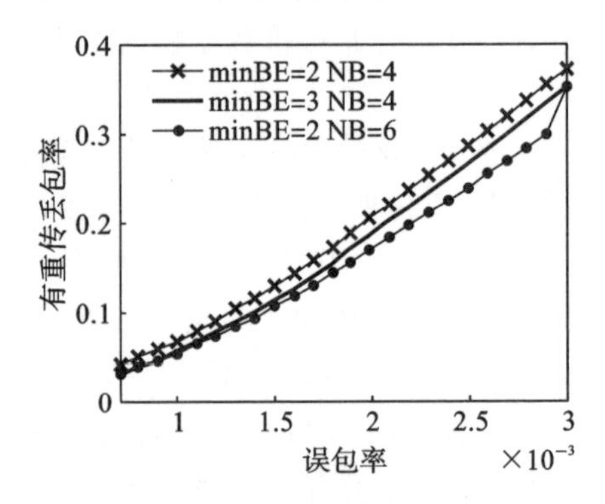

图 2-11 丢包率随误包率的变化

图 2-12 所示的是有无重传机制的数据帧丢包率比较。从实验数据看出，相对于无重传机制，有重传机制的丢包率明显低得多，数据帧丢包率降低了88.9%左右，这说明加入重传过程后，MAC 层的数据发送成功概率增加幅度很大，有效地提高了信道中数据传输的可靠性。

基于上述重传概率和丢包率性能的分析，说明 IEEE 802.15.4 协议参数对 MAC 层的数据传输有重要的影响。基于上述研究，提出的节点工作过程模型能够科学地分析和配置网络参数，为 IEEE 802.15.4 网络的具体应用提供优化依据。

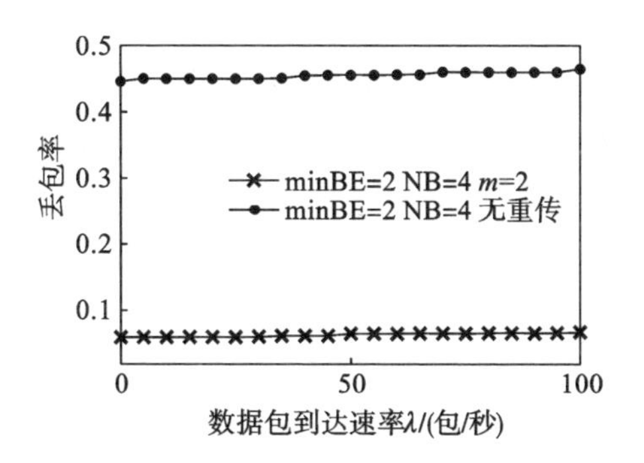

图 2-12　有无重传丢包率比较

2.3.2　基于隐藏终端的 IEEE 802.15.4 网络丢包率研究

由于无线传感器网络普通采集节点能量受限，网络和节点性能优化问题成为一个重要的研究方面。而隐藏终端问题将引起数据丢包现象，极大地降低网络和节点的主要性能，无线传感网中的隐藏终端问题已成为网络大规模应用的挑战。所以对基于隐藏终端问题的深入分析就显得尤为重要，但已有协议研究一般都忽略了隐藏终端的影响；即使一些研究考虑了隐藏终端问题，但没有对其影响做深入研究。本书利用基于马尔科夫链模型对 IEEE 802.15.4 协议 MAC 层关键机制进行数学分析研究，并将对基于 IEEE 802.15.4 MAC 层的隐藏终端问题进行详细的研究，分析其对数据丢包现象的影响。对无线传感器网络或节点的相关参数和丢包性能之间的关系进行了研究，为改进网络性能提供理论支撑。

本节研究基于非饱和负载的 IEEE 802.15.4 协议 MAC 层上行链路的特点并为其建立马尔科夫链模型，网络部署为规模为 N 的星型拓扑结构，并只考虑只有活跃期的超帧结构，到达各个节点的数据包符合速率 λ 的泊松分布过程，节点按照时隙 CSMA/CA 机制竞争信道并将数据发送到网络协调器。

为了降低能耗，使得设计的信道竞争算法能够更加符合实际应用领域的要求，设定节点从传输态、休眠态和当前退避结束三种状态适时转移到休眠态。

(1) 超帧活跃期内，若节点已退避的轮数达到最大值，则进入休眠。

(2) 超帧活跃期内，若无数据包到达节点，则节点进入休眠。

(3) 超帧活跃期内，若剩余的时间无法完成信道检测和数据发送过程，则节点进入休眠。

图 2-13 中，节点按照时隙 CSMA/CA 算法在信道竞争各个阶段的状态为：$\{i,0\}$表示节点的第一次信道检测状态；$\{i,-1\}$表示节点的第二次信道检测状态；$\{-2,j\}$表示节点的数据发送状态；$\{-1,0\}$表示节点的休眠状态；$\{i,k\}$(k

$\in(1,W_i-1)$)表示节点退避状态。

z_1为节点休眠一轮时间后还是没有数据传送任务的概率。z_2为节点在数据发送态之后进入休眠状态的概率。z_3为节点进入信道评估后检测到信道竞争接入时间中剩余的时间不能够完成信道评估和传输数据的概率,可表示为:$z_3=L/(960\times0.016\times2^{SO}\text{ ms})$。$x$是退避的轮数,即NB的最大值。$g$、$e$为两次信道监测失败的概率。

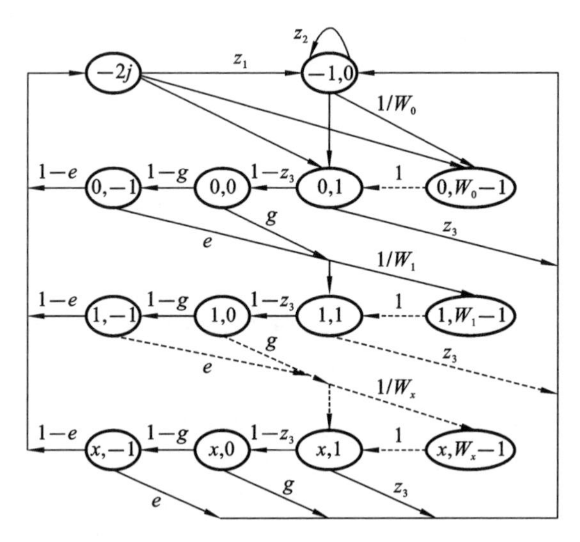

图 2-13 时隙 CSMA/CA 算法模型

假设$\pi_{i,k}=\lim\limits_{t\to\infty}\{c(t)=i、d(t)=k\}(i\in(0,c),k\in(0,W_i-1)$为信道竞争算法模型中的节点的状态稳态概率,如$\pi_{c,0}=\lim\limits_{x\to\infty}\{c(x)=c、d(x)=0\}$。按照模型,推导出节点的主要状态之间的一步转移概率公式[12]:

$$
\begin{aligned}
&p\{i,k|i-1,0\}=g/W_i,k\in(0,W_i-1),i\in(1,x)\\
&p\{i,-1|i,0\}=1-ge,i\in(0,x)\\
&p\{-2,j|i,-1\}=1-e,i\in(0,x)\\
&P\{i,-1|i,1\}=(1-z_3)(1-g),i\in(0,x)\\
&P\{0,k|i,1\}=[(1-z_3)(1-g)(1-e)z_1(1-z_2)\\
&\qquad+(1-z_3)(1-g)(1-e)(1-z_1)\\
&\qquad+z_3(1-z_2)]/W_0,i\in(0,x),k\in(0,W_0-1)\\
&p\{0,k|-2,j\}=(1-z_1)/W_0,k\in(0,W_0-1)\\
&p\{-1,0|-1,0\}=z_2
\end{aligned}
\tag{2-3}
$$

节点的主要状态的稳态概率推导如下：

$$\begin{cases}\pi_{-1,0}=\{e[z_3+(1-z_3)(1-g)(1-e)z_1]+\pi_{0,1}S^{x+1}\}/(1-z_2)\\ \pi_{i,1}=\pi_{i-1,0}(1-z_3)(g+e-ge)=\pi_{0,1}S^i,i\in(1,x),S=(1-z_3)(g+e-ge)\\ \pi_{i,0}=\pi_{i,1}\cdot(1-z_3)=\pi_{0,1}\cdot(1-z_3)^{i+1}(g+e-ge)^i\\ \sum_{i=0}^{x}\pi_{i,-1}=(1-g)\sum_{i=0}^{x}\pi_{i,1}=(1-g)(1-z_3)\sum_{i=0}^{c}\pi_{i,1}\\ \pi_{x,1}=\pi_{0,1}S^x\end{cases} \tag{2-4}$$

$$\begin{aligned}\sum_{i=0}^{x}\sum_{k=1}^{W_i-1}\pi_{i,k}=&\frac{1}{2}[W_0 2^{\mathrm{maxBE-minBE}}\frac{S^{\mathrm{maxBE-minBE+1}}-S^{\mathrm{NB}}}{1-S}\\&+W_0\frac{1-(2S)^{\mathrm{maxBE-minBE+1}}}{1-2S}-\frac{1-S^{\mathrm{NB+1}}}{1-S}]\pi_{0,1}\end{aligned} \tag{2-5}$$

$$\text{s.t. } i\in(0,x),k\in(0,W_i-1),S=(1-z_3)(g+e-ge)$$

$$\begin{aligned}\pi_{0,1}=1/\{\{&\frac{1-S^{x+1}}{1-S}[z_3+(1-z_3)(1-g)(1-e)z_1]\\&+S^x(1-z_3)[g+(1-g)e]\}/(1-z_2)+\frac{1-S^{x+1}}{1-S}[(1-z_3)\\&+(1-g)(1-z_3)+L(1-g)(1-e)(1-z_3)]\\&+\frac{1}{2}[W_0 2^{\mathrm{maxBE-minBE}}\frac{S^{\mathrm{maxBE-minBE+1}}-S^{\mathrm{NB}}}{1-S}\\&+W_0\frac{1-(2S)^{\mathrm{maxBE-minBE+1}}}{1-2S}-\frac{1-S^{\mathrm{NB+1}}}{1-S}]\}\end{aligned} \tag{2-6}$$

由于节点使用基于时隙 CSMA/CA 算法竞争接入共享的 MAC 层信道，并且节点的通信范围局限于 10～20 m，因此隐藏终端是 IEEE 802.15.4 WSNs 不可避免的问题。图 2-14 对隐藏终端的成因进行描述：网络节点 a、b 和 c 中，a 和 b、c 和 b 都处于有效通信距离内，但是 a 与 c 距离较远，不能够直接通信，这样 c 和 a 可能相互构成隐藏终端。当 c 有数据发送至 b 时，c 按照信道竞争算法试图接入信道，当评估信道为空闲状态后开始发送数据。同理，在同一时刻节点 a 向 b 发送数据，由于 a、c 不在有效通信距离内，二者无法检测对方的数据发送，此时共享信道发生冲突，a、c 的数据都丢弃。丢包现象严重影响到网络和节点的其他性能指标，降低网络生存周期。

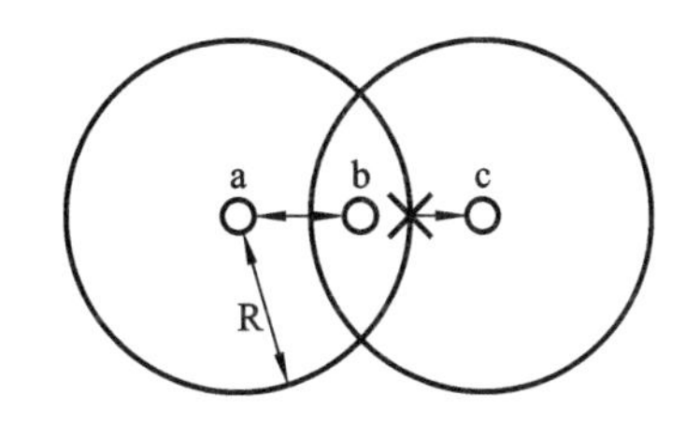

图 2-14　隐藏终端问题

隐藏终端问题是导致无线传感器网络中数据丢包的重要因素，隐藏终端问题产生的信道冲突和丢包可能发生在节点发出数据一直到数据传输至目标节点的时间段内。根据 IEEE 802.11 协议中关于隐藏终端的分析方法，假设隐藏终端引起数据丢包的时间范围为 D_{hide}，可表示为$(-L,L+SIFS+B)$，即 $D_{hide}=2L+SIFS+B$。其中，B 是传播延时，SIFS 是最小的帧间间隔，L 是一个数据包的传输时间。

因此，隐藏终端问题造成的数据包冲突概率定义为

$$p_y=1-(1-p_s)^{(N_h*D_{hide})/D_{slot}} \tag{2-7}$$

其中，每个节点的发送概率为 p_s，隐藏终端个数是 N_h，D_{slot}表示一个时隙。

另外，无线传感器网络中的节点使用时隙 CSMA/CA 算法共享信道，数据丢包现象也可能是由竞争接入信道产生的。信道接入冲突造成的数据冲突概率为

$$p_x=1-(1-r)^{n-1} \tag{2-8}$$

其中，r 为节点处于数据帧发送的概率。

因此，在不考虑信道误码率，即理想信道的情形下，MAC 层数据丢包率可以表示为

$$p_{drop}=1-(1-p_x)(1-p_y) \tag{2-9}$$

在 IEEE 802.15.4 协议中关于 MAC 层时隙 CSMA/CA 算法模型研究的基础上，下面分析主要的协议参数和网络环境参数对 MAC 层数据丢包率的影响。网络结构为星型拓扑，各个节点都处于有效的通信距离内。上层数据包到达节点 MAC 层的速率为 λ 包/秒。实验中关注的主要参数分为两种：与 IEEE 802.15.4 MAC 协议密切相关的性能参数、与协议无关的网络参数，如表 2-2 所示。

表 2-2　实验参数表

网络参数		协议参数	
名称	值	名称	值
L(数据包传输时间)	1 slot	NB(退避次数)	5
N(网络节点数)	1～30	CW(退避竞争窗口)	2
SIFS(最小的帧间间隔)	20 μs	minBE(退避指数最小值)	2～3
B(传输时延)	5 μs	maxBE(退避指数最大值)	5
λ(数据包到达率)	12.5 包/秒	1 个时隙时长(1 slot)	0.32 ms
		SO(超帧指数)	4
		BO(信标指数)	6

下面根据模型的推导对考虑隐藏终端的 MAC 层数据发送丢包率进行实验

研究。

图 2-15 是隐藏终端数量与数据丢包率的关系图。实验部署网络共 30 个节点。随着隐藏终端个数增加,MAC 层丢包率急剧增大。这说明隐藏终端对丢包现象影响很大,较多的隐藏节点使得节点之间相互侦听不到隐藏终端的现象更加严重,从而导致节点与隐藏终端发送的数据包不成功,数据包被丢弃。

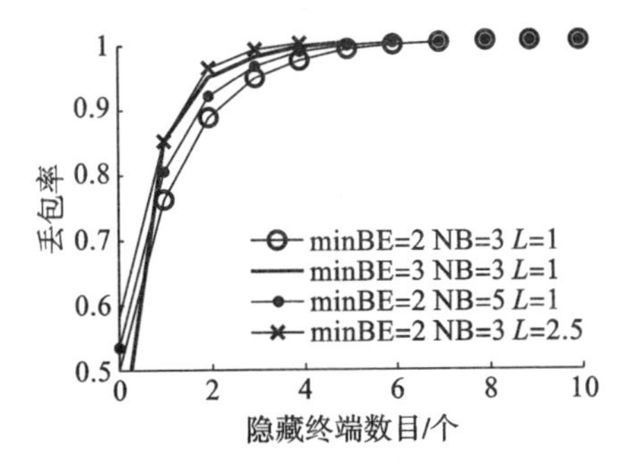

图 2-15　隐藏终端对丢包率的影响

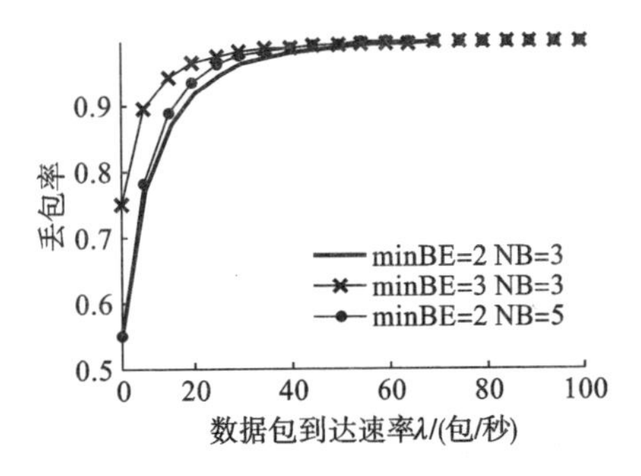

图 2-16　不同 λ 时性能参数对数据碰撞的影响

从实验可以看出,隐藏终端个数小于 2 时,丢包率变化很快。之后,丢包率趋于 1,网络数据传输趋于崩溃。这说明网络采用星型拓扑结构时,所有的采集节点向同一个协调节点传输数据,较少的隐藏终端同样导致网络节点相互成为隐藏终端,传输数据过程中发生冲突后被丢弃,而且隐藏终端越多丢包越严重。

另外,隐藏终端数量一样时,退避指数初值 minBE 越小,数据丢包现象有所改善。这是因为退避指数初值决定节点的等待退避时长,较小的 minBE 会延长节点的接入信道之前的等待时间,从而一定程度降低节点因争用 MAC 信道导致数据碰撞的概率,相应的数据接收冲突问题得到缓解,丢包率也相应降低。退避次数 NB 对数据丢包现象影响较小。这是因为隐藏终端数一定时,NB 的变化对节点等待退避的时间影响较小,其对节点传输数据的过程影响较小。

图 2-16 描述了隐藏终端个数一定的情况下,MAC 层数据传输丢包率随着数据包到达速率 λ 的变化趋势。由于隐藏终端的影响趋于稳定,改变协议参数,丢包率的变化主要由信道接入冲突引起。随着 λ 的逐渐增大,丢包率快速增加。这是因为到达节点的数据负荷越多,竞争接入信道的网络节点越多,导致节点发送数据的冲突更加严重,数据丢包现象也更加频繁。

节点在相同的 λ 情况下,取较大的 minBE 值时,数据丢包率越高。这是因为较大的 minBE 取值导致节点的退避阶段最小值越大,相反节点在竞争信道中总的退避时间越短,其竞争接入信道更加频繁,信道冲突自然加重,相应的数据丢包率也增大。退避次数 NB 对数据丢包率影响不大。因为节点退避次数的增加没有较大延长退避时间,信道竞争冲突变化不明显,隐藏终端导致的丢包也不明显。

图 2-17 描述了随着 λ 的递增，隐藏终端数目对数据丢包率的影响。如图 2-17 所示，λ＜30 包/秒时，丢包率随着 λ 快速增加，数据丢包问题加剧。当 λ＞30 包/秒后，数据丢包非常严重。这是因为节点负载加大后，节点竞争信道的概率加大，且在节点发送数据过程中，隐藏终端越多越会加剧信道冲突，数据丢包更加严重。图 2-18 所示的是在相同隐藏终端数情形下，MAC 层数据丢包率与节点数、主要协议参数的关系。随着网络节点数增多，数据丢包率变化不很明显。退避指数 minBE 越小时，数据丢包率越小。这是因为隐藏终端数一定时，较小的 minBE 增加了节点退避等待的时长，信道冲突降低，丢包现象得到改善。

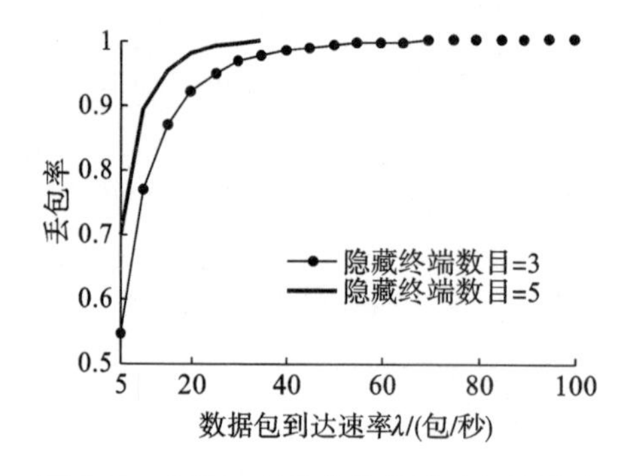

图 2-17　不同 λ 时隐藏终端对丢包的影响

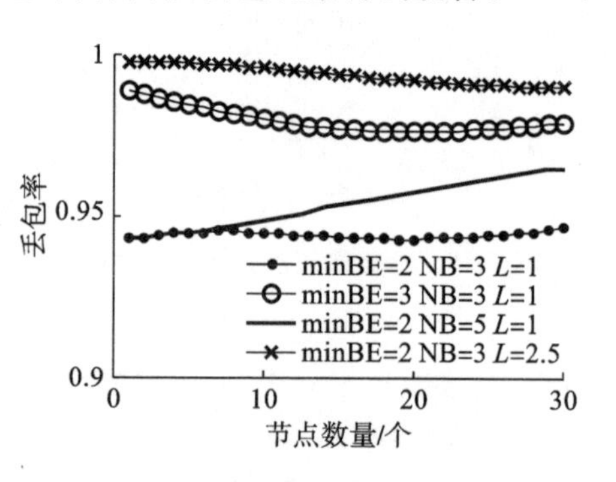

图 2-18　网络参数对丢包的影响

节点数量 N 很小时，退避次数 NB 对数据丢包率影响很小。当网络节点数增多后，NB 越大，数据丢包越严重。这是因为较大的 NB 虽然稍微增加了节点的退避时间，但是大量的节点处于超帧活跃期去竞争信道，而不是像 NB 较小时节点在较短时间退避等待后失败进入休眠，较大的 NB 反而加剧数据丢包。另外，数据帧长度 L 越小，数据丢包率越低。这是因为 L 越小时，根据隐藏终端可能引起数据丢包的时间 D_{hide} 越短，MAC 层的节点接收数据冲突概率越小，丢包现象得到改善。

实验研究表明，通过对 IEEE 802.15.4 MAC 协议的性能参数、IEEE 802.15.4 网络参数进行合理的优化配置，数据丢包现象能够得到一定程度的改善，提高 IEEE 802.15.4 协议的实际意义效果。

图 2-19 所示的是本模型与不考虑隐藏终端的网络丢包率的对比。很明显，考虑隐藏终端对数据冲突的影响之后，MAC 层数据传送丢包现象明显严重得多，平均高出 25.2%。实验结果验证了本模型的有效性和合理性。

合理的网络参数设置能够降低网络丢包率。另外与忽略隐藏终端现象的网络环境对比，隐藏终端导致的丢包问题比较严重，丢包率平均高出 25.2%。通过实验结果为降低隐藏终端对 IEEE 802.15.4 网络 MAC 层的数据丢包现象提

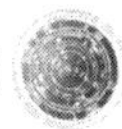

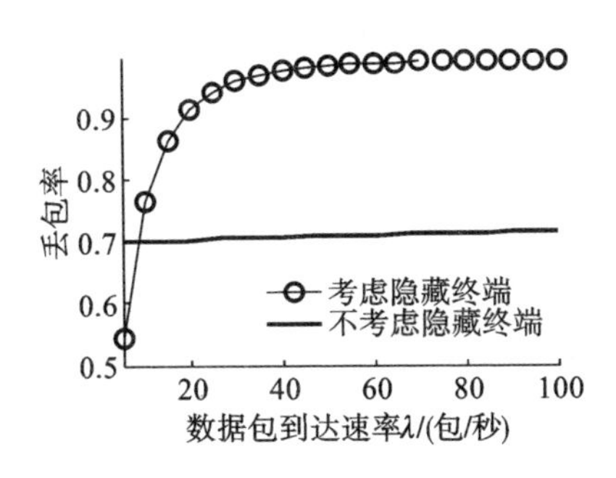

图 2-19　丢包率对比

供优化方法，也为 IEEE 802.15.4 MAC 协议的实际应用提供理论支撑。

2.3.3　基于马尔科夫链的 IEEE 802.15.4 网络防丢包信道访问机制研究

IEEE 802.15.4 网络中的节点使用直流电池电源，所以能耗优化问题成为 IEEE 802.15.4 网络的重要研究热点。造成网络节点耗能的原因很多，如丢包、重传、空闲侦听等。与大多数 MAC 协议一样，数据帧碰撞严重影响系统整体性能，它可能增大节点能量的浪费，降低吞吐量，增大数据帧丢包率，所以降低 MAC 层数据帧碰撞和丢包率成为改善协议能耗性能的一个重要措施。相对于有线信道，无线信道的丢包现象更严重，而碰撞是造成丢包的一个非常重要的因素。但是碰撞现象在 IEEE 802.15.4 网络中是不可避免的，因为 IEEE 802.15.4 MAC 层使用 CSMA/CA 随机访问机制竞争接入信道时，节点使用的无线信道是共享的，且节点在发送信号的同时无法侦听信道，从而造成数据帧冲突的发生。一般数据帧碰撞发生在两个或两个以上的节点同时进入信道监测状态时，多个节点检测信道时两次监测 CCA 后均发现信道处于空闲，之后节点就同时开始发送数据帧，多个数据帧到达目的节点时将会发生碰撞。

针对 IEEE 802.15.4 协议，本节研究分析参数，如 PER 和碰撞率、误码率、节点数、minBE、NB 对丢包率的影响。通过优化网络主要参数设置来降低碰撞概率，从而进一步降低网络丢包率，改善和均衡网络的主要性能。

IEEE 802.15.4 协议主要应用于数据量少和速率低的应用环境，网络一般处于非饱和负载的情形。基于这种特点可以适当调整没有成功竞争信道的节点的状态，以便改善网络冲突和丢包的问题。本书对支持信标使能的 IEEE 802.15.4 MAC 协议进行研究，网络所有节点通过超帧进行定时，以便与协调器保持同步。超帧由活跃期与睡眠期组成，而活跃期又由信标时间和竞争期组成，竞争期又由后退期和数据发送期组成。所有节点按照时隙 CSMA/CA 算法竞争信道，从而实现信道的分时共享。基于超帧结构的精确设定，节点能够在下述条件下进入睡眠期：①竞争期内节点等待了最大的后退次数之后没有成功进入发送数据期；②竞争期内节点负载为空；③超帧睡眠期时隙到来之后。

设 IEEE 802.15.4 网络所有节点的非饱和负载服从速率为 λ 的泊松过程，而且各个节点负载到达过程互相独立，所有节点按照时隙 CSMA/CA 算法访问信道的动态随机过程正好符合 Markov 链中分析对象是离散状态空间的特点，所以能够基于 Markov 链理论对节点在信道中的动态状态变化过程进行建模，通过该模型对 IEEE 802.15.4 网络 MAC 层的相关性能进行研究。模型如图 2-20 所示。

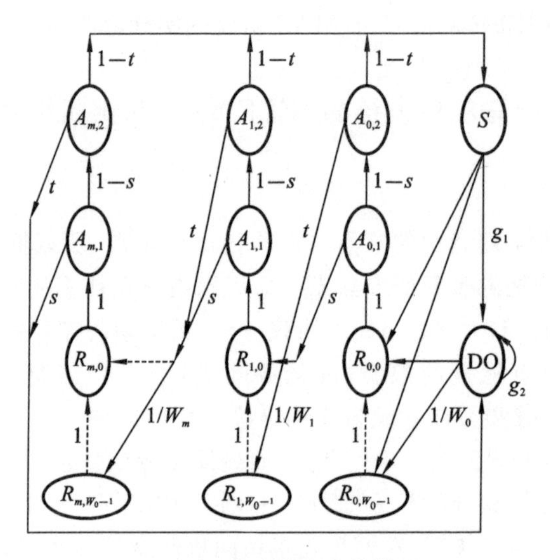

图 2-20　节点状态变换模型

在模型中，A 表示节点检查信道的状态，S 表示节点接入信道成功后发送数据状态，DO 表示节点睡眠状态。$R_{i,k}$表示节点第 i 次信道接入失败后第 k 个时隙等待状态（$i\in[0,\mathrm{NB}]$，$k\in[0,W_i-1]$）。NB(number of backoff)是最大的后退次数。节点初始后退时的等待时间 W_0 为 2^{minBE}，节点第 i 次退避时的等待时间 $W_i=W_0 2^i$，$\mathrm{maxBE}-\mathrm{minBE}\leqslant i\leqslant \mathrm{maxBE}$。BE 是后退指数，其最大值和最小值分别用 maxBE 和 minBE 表示。s 和 t 分别为节点在 $A_{i,1}$ 和 $A_{i,2}$ 这两次信道检查后没有成功的概率。g_1 表示节点完成一次传输后负载为空的概率，g_2 表示节点从睡眠期唤醒后负载仍为空的概率。基于超帧周期划分，并参考文献[1]的计算，$g_1=\mathrm{e}^{-\lambda T_{\mathrm{service}}}$，$g_2=\mathrm{e}^{-\lambda W_0}$，其中 T_{service} 为数据包平均服务时间。模型中各个状态的一步转移概率和主要状态的稳态概率方程如下：

$$\begin{cases} P\{R_{i+1,k} \mid A_{i,1}\} = s/W_i, i \in (0,m), k \in (0, W_i - 1) \\ P\{R_{0,k} \mid S\} = (1-g_1)/W_0, k \in (0, W_0 - 1) \\ P\{T \mid A_{i,2}\} = 1 - t, i \in (0,m) \\ P\{R_{0,k} \mid S\} = (1-g_1)/W_0, k \in (0, W_0 - 1) \\ P\{R_{0,k} \mid A_{m,1}\} = (1-g_2)\alpha/W_0, k \in (0, W_0 - 1) \end{cases} \tag{2-10}$$

$$\begin{cases} \pi_{DO} = (1-t)\sum_{i=0}^{m}\pi_{A_{i,2}} \\ \pi_S = [g_1(1-E^{m+1})\pi_{R_{0,0}} + s\pi_{R_{0,0}}E^m + t(1-s)\pi_{R_{0,0}}E^m]/(1-g_2) \\ \pi_{A_{m,2}} = (1-s)\pi_{A_{m,1}} = (1-s)\pi_{R_{0,0}}E^m = (1-s)\pi_{R_{0,0}}E^m \\ \pi_{R_{i,0}} = \pi_{R_{i-1,0}}[s + (1-s)t] = \pi_{R_{0,0}}E^i, E = s + t - st \\ \pi_{R_{i,k}} = (W_i - k)\pi_{R_{i,0}}/W_i, i \in (0,m), k \in (0, W_i - 1) \end{cases} \tag{2-11}$$

另外,模型中信道检查状态、数据发送状态和后退状态的总稳态概率分析公式为

$$\begin{cases} \sum_{i=0}^{m}\pi_{A_{i,1}} = \sum_{i=0}^{m}\pi_{R_{i,0}} = \pi_{R_{0,0}}(1-E^{m+1})/(1-E) = \varepsilon \\ \sum_{i=0}^{m}\pi_{A_{i,2}} = (1-s)\varepsilon \\ \pi_S = (1-t)(1-s)\varepsilon \end{cases} \tag{2-12}$$

$$\begin{aligned} \sum_{i=0}^{m}\sum_{k=1}^{W_i-1}\pi_{R_{i,k}} = \frac{1}{2}\Big[& W_0 2^{\mathrm{maxBE-minBE}} \frac{E^{\mathrm{maxBE-minBE+1}} - E^{\mathrm{NB}}}{1-E} \\ & + W_0 \frac{1-(2E)^{\mathrm{maxBE-minBE+1}}}{1-2E} - \frac{1-E^{\mathrm{NB+1}}}{1-E}\Big]\pi_{R_{0,0}} \end{aligned} \tag{2-13}$$

$$\sum_{i=0}^{m}\pi_{A_{i,1}} + \sum_{i=0}^{m}\pi_{A_{i,2}} + \pi_{DO} + \sum_{i=0}^{m}\sum_{k=0}^{W_i-1}\pi_{R_{i,k}} + \sum_{i=0}^{L-1}\pi_S = 1 \tag{2-14}$$

由上述转移概率和稳态概率公式,可以分析出初始后退状态稳态概率 $R_{0,0}$ 为

$$\begin{aligned} \pi_{R_{0,0}} = 1/\Big\{ & [g_1(1-E^{m+1}) + sE^{m+1} + t(1-s)E^m]/(1-g_2) \\ & + L(1-E^{m+1}) + \frac{1-E^{m+1}}{1-E} + \frac{(1-E^{m+1})(1-s)}{1-E} \\ & + \frac{1}{2}\Big[W_0 2^{\mathrm{maxBE-minBE}} \frac{E^{\mathrm{maxBE-minBE+1}} - E^{\mathrm{NB}}}{1-E} \\ & + W_0 \frac{1-(2E)^{\mathrm{maxBE-minBE+1}}}{1-2E} - \frac{1-E^{m+1}}{1-E}\Big]\Big\} \end{aligned} \tag{2-15}$$

根据上文对网络数据帧碰撞和丢包问题的理论分析，下面通过实验研究IEEE 802.15.4 网络协议参数对 MAC 层数据帧碰撞和丢包性能的影响，同时也对本书提出的节点状态转换模型进行评价。

假设网络节点数量 N 范围为 5～60，信标指数 BO 值为 6，超帧指数 SO 范围为 4～5，后退指数 BE 范围为 2～5，后退等待次数 NB 范围为 4～5，数据包长 L 为 6 时隙。BI 为 $960\times0.016\times2^{BO}$，超帧活跃期为 $960\times0.016\times2^{SO}$。接收信标帧时间为 $T_b=0.3$ slot。一个超帧时隙宽度为 20 个符号宽度，每个符号宽度 0.016 ms，超帧周期一个时隙值为 0.32 ms。下面分析网络 MAC 层的数据包碰撞概率和数据帧的丢包率性能。根据对模型图 2-20 的数学分析和概率计算，下面分析网络单个节点的数据帧碰撞概率。若两个节点同时检测到信道空闲，然后向接收端发送数据，接收端产生碰撞的概率表示为

$$p_C=1-(1-r)^{N-1}$$

其中，r 为节点发送数据帧的概率，即 π_S，N 是节点数。

图 2-21 是节点发送概率趋势图。随着节点数目的增加，节点发送数据概率呈递减趋势。而且退避指数 BE 值越大，发送概率越小。这是因为 BE 初始值越大，节点首次退避时间相对较长，从而导致节点更多的时间处于退避状态，发送数据帧的概率有所降低。图 2-21 中，基于无节点休眠状态的发送概率比有休眠状态的发送概率稍低。这是因为基于休眠的时隙 CSMA/CA 算法竞争信道能够一定程度地降低 MAC 信道的冲突，改善网络性能。图 2-22 是节点发送数据后发生碰撞的概率趋势图。很明显，随着 N 的逐渐增加，碰撞概率逐渐增大，信道冲突加剧。协议参数 BE 对碰撞概率影响较大，BE 越大的情况下网络碰撞概率越小，这是因为节点初始的退避时隙数相对较大，更多处于退避态，节点试图检测信道发送数据的概率低些，自然发生冲突的概率降低。而协议参数 NB 越大，有利于减小信道冲突，从而降低 MAC 层碰撞。这是因为退避次数增大，节点退避等待时间延长，一定程度降低了碰撞现象。

图 2-23 是 MAC 层碰撞概率随数据包到达速率变化的趋势图。很明显，随着非饱和负载的逐渐增加，碰撞概率逐渐增加。NB 和 BE 对碰撞概率影响较大，如图 2-23 所示，BE 越小碰撞概率越大，这说明初始退避指数小时，节点检测信道之前退避的时间较短，各个节点监测到信道状态为忙的概率增大，MAC 层碰撞现象加剧。另外，当网络的非饱和负载数据流量较小时（$\lambda<71$ 包/秒），退避次数 NB 越小，碰撞概率越大。这是因为小的 NB 时，节点退避等待的轮数减少，节点试图竞争信道的概率大些，发生冲突的概率自然增大。当非饱和负载较大时（$\lambda>71$ 包/秒），退避次数 NB 越大，碰撞概率越大。这是因为负载大了之后，通过增大退避次数对缓解数据帧碰撞作用不明显。

基于前述对碰撞概率的分析，下面分析 MAC 层丢包问题。丢包问题主要

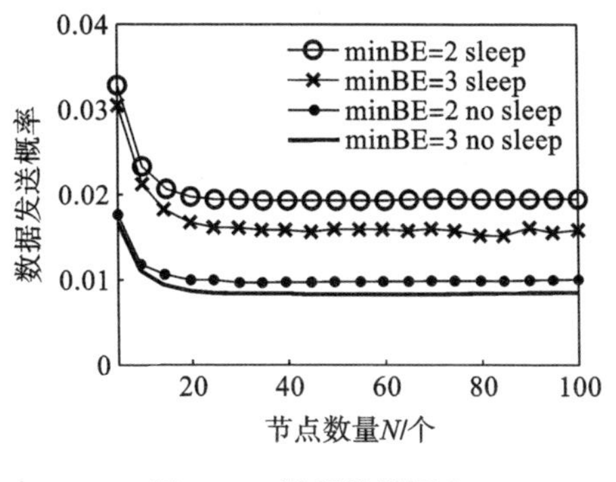

图 2-21 数据发送概率

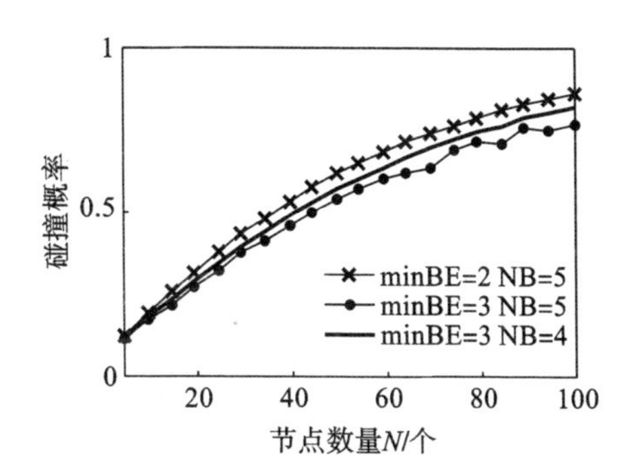

图 2-22 碰撞概率随节点数变化

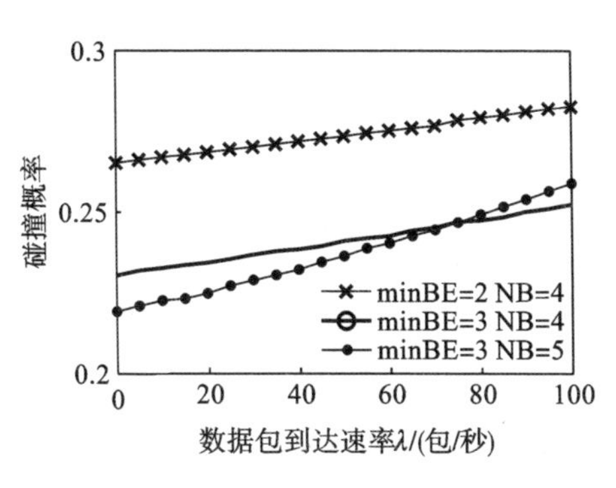

图 2-23 碰撞概率随 λ 的变化

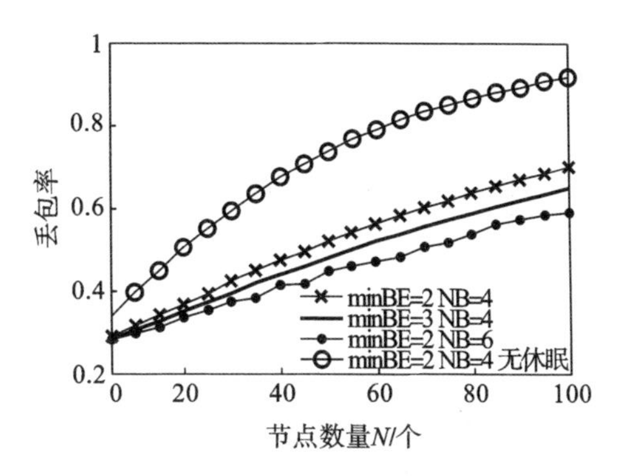

图 2-24 丢包率随节点数的变化

是由于信道误码和碰撞引起的。数据帧在信道传输过程中发生错误的概率 P_1 为:$1-(1-\mathrm{BER})^{\mathrm{LD}}$,其中 LD 为数据包长度,值取 400 b。BER 为无线网络信道误码率,即传输 1 b 信息过程中发生错误的概率。通过瑞利衰落信道来描述无线传感器网络信道的多径衰落特性,BER 与路径损耗指数和传输距离有关。这里设定 BER 的取值范围为 $7\times10^{-4}\sim3\times10^{-3}$。无重传的数据帧丢包率可表示为:$p_d=1-(1-P_1)(1-p_C)$。

图 2-24 所示的为数据帧丢包率随节点数目的变化趋势。随着节点数量的增加,数据帧的丢包率逐渐递增。这是因为网络规模大了之后,竞争 MAC 层信道的节点更多,节点发送失败概率加大。另外,NB 值越小,数据帧丢包率越大。这是因为较小的 NB 导致节点退避时间减少,从而加剧信道冲突概率。并且最小退避指数 minBE 越大,节点退避时间更长,信道冲突一定程度减弱,导致数据帧的丢包率降低。同时,反映出在规模较大的网络中,BE 和 NB 对丢包率的影响很大。

另外,从实验结果还可以看出,无节点休眠的模型的丢包率明显高得多。有节点休眠状态的超帧周期机制数据帧丢包率降低了 23.7%,这说明加入休眠状态后 MAC 层的碰撞现象减少,数据发送的可靠性得到显著提高。从图 2-25 可以看出,随着信道传输状况的恶化,数据帧的丢包率随误包率的增加而加大。这反映出信道质量对 MAC 层的影响比较大。另外,NB 值越大,数据帧丢包率越小。这是因为较大的 NB 延长了节点监测信道之前的等待时间,从而降低信道冲突。并且最小退避指数 minBE 越大,导致节点后退等待时间更长,从而一定程度降低数据帧碰撞,降低丢包率。在信道质量一样的情况下,BE 和 NB 对丢包率的影响不是非常大。

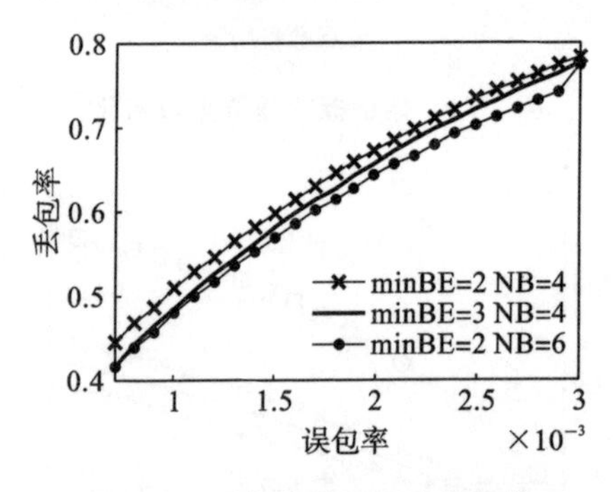

图 2-25　丢包率随误码率的变化

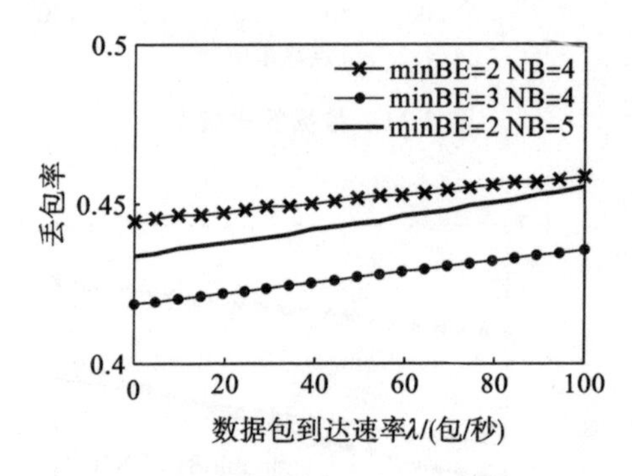

图 2-26　丢包率随 λ 的变化

图 2-26 所示的为数据帧丢包率随数据帧到达速率的变化趋势。随着 λ 的逐渐增大,数据帧的丢包率缓慢增大。这反映出非饱和负载较小时对 MAC 层的丢包率影响较小。另外,后退次数 NB 越小,数据帧丢包率越大。这也是因为节点检查信道前的退避时间缩短,从而加重信道冲突。最小退避指数 minBE 越小,数据帧丢包率变化较大。图 2-26 反映出在同等负载情形下,BE 对丢包率的影响比 NB 的大。

经过对基于模型的协议碰撞概率、丢包率和参数的分析比较,提出的模型能够较好地分析 IEEE 802.15.4 协议 MAC 层在休眠模式下的数据帧传输性能。而且通过提出的模型可以更精确地研究网络参数配置对 MAC 层数据帧发送的影响,为 IEEE 802.15.4 标准的实际使用提供性能优化参考。

第3章

MAC 协议性能优化研究

3.1 CSMA/CA 信道访问机制

3.1.1 工作模式

根据 IEEE 802.15.4 标准定义的 LR-WPAN 中不同的网络配置，可采用两种略有不同的 CSMA/CA 信道访问机制：信标使能（beacon-enabled）网络中使用的 slotted CSMA/CA 信道访问机制和非信标使能（nonbeacon-enabled）网络中使用的 unslotted CSMA/CA 信道访问机制。

在信标使能的 LR-WPAN 中，协调器通过发送信标实现网络时间同步。网络采用的 slotted CSMA/CA 信道访问机制，要求网络设备在每个时隙开始时才能够发送数据。如果信道被占用，网络设备需随机等待若干个退避时隙（backoff slot），再检测信道状态。重复此过程，直至检测到信道空闲后即在下一时隙开始时占用信道并发送数据。

非信标使能的 LR-WPAN 采用 unslotted CSMA/CA 信道访问机制：当网络中设备需要发送数据帧或 MAC 命令时，在随机等待一段时间后对信道进行检测。若信道空闲，则该设备可立即发送数据。如果信道已被占用，则需重复上一过程直至检测到信道空闲。

IEEE 802.15.4 的协议栈是基于 OSI（open system interconnection）模型，

协议栈的每一层实现一部分通信功能并为上层提供服务。它定义了物理层和MAC层的标准,MAC层以上的几个层包括特定服务的聚合子层、链路控制子层并不在该标准的定义范围内。IEEE 802.15.4协议物理层的功能是根据特定的调制和扩频技术,在无线信道上完成数据的收发。物理层定义了3个载波频段:2.4 GHz、915 MHz和868 MHz。在868 MHz频段上只有一个信道,902 MHz和928 MHz之间有10个信道,2.4 GHz和2.4835 GHz之间有16个信道,设备在不同的信道上采用不同的调制方式和数据的发送速率。IEEE 802.15.4协议物理层的功能如下:控制收发机的打开与关闭;信道能量检测;链路质量指示,为上层提供信噪比指标;空闲信道评估;信道频段选择。

IEEE 802.15.4的MAC层提供的服务实现对等设备之间的通信,具体任务包括以下几方面:协调器生成并发送信标帧;设备通过信标帧同步到协调器;设备发送关联或去关联请求,加入或离开特定网络;使用CSMA/CA机制访问信道;为有特殊需求的数据提供时隙保障机制;支持数据的可靠传输:通过AES(advanced encryption standard)加密算法机制支持无线信道的通信安全。MAC层支持两种操作模式:信标使能模式和非信标使能模式。在非信标使能模式下,不存在超帧并且设备在接入信道时采用非时隙的CSMA/CA机制。在信标模式下,网络协调器使用超帧结构管理设备间的通信,超帧结构由网络协调器定义并通过信标帧通知相关联的设备。

超帧的大小由两个参数定义:信标级数(beacon order,BO)和超帧级数(superframe order,SO)。信标级数定义了信标帧的发送间隔,即超帧长度。超帧级数则定义了一个超帧中活跃时隙的长度。

IEEE 802.15.4网络中,设备自发组网,具体实现如图3-1所示。全功能设备启动后,高层向MAC层发送MLME-RESET.request原语,请求初始化本设备。完成设备参数恢复到默认值,MAC层收到上层MLME-SCAN.request原语执行active信道扫描或energy detection扫描,检测信道中是否已经存在网络协调器。若信道中在本设备的感知范围内不存在网络协调器,则MAC层向上层发送MLME-SCAN.confirm原语,传递本设备生成的网络标识号PANId、16位短地址和工作信道。随后高层发送MLME-START.request,此设备作为网络协调器开始工作,发送信标帧为关联设备提供同步服务、管理其他设备与本协调器建立关联或解除关联、为有特殊需求的数据提供时隙保障服务。

3.1.2 CSMA/CA算法流程

IEEE 802.15.4 MAC层规定了设备无线信道的使用方式。与典型的基于竞争的IEEE 802.11协议相同,IEEE 802.15.4信道接入方式也是采用CSMA/

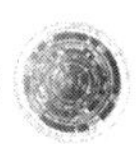

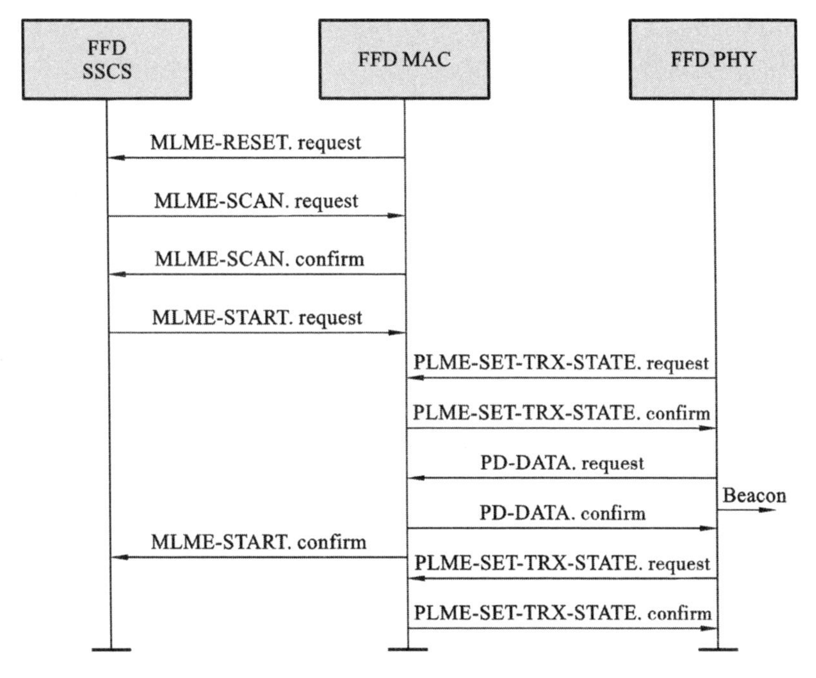

图 3-1　PAN 启动流程图

CA 机制。但二者的 CSMA/CA 是有区别的，一方面 IEEE 802.15.4 协议中不包含信道预约机制(request to send/clear to send，RTS/CTS)，这是因为常见的隐藏终端问题在具有低速率特点的 IEEE 802.15.4 协议中危害不是很大；另一方面，IEEE 802.15.4 协议只在退避阶段结束才执行空闲信道评估(clear channel assessment，CCA)，节省了用于侦听的能量消耗，充分体现低功耗的特点。IEEE 802.15.4 网络有两种工作模式：信标使能模式和非信标使能模式，本书是对信标使能模式下的 CSMA/CA 算法进行分析。在信标使能模式下，同一个 IEEE 802.15.4 网络中所有设备共享一个无线信道，当设备有数据帧或命令帧需要发送时，会采用基于时隙的 CSMA/CA 算法以竞争的方式接入信道。

算法涉及以下几个参数：BE、CW、NB、R。BE 是退避指数，用于设备在[0，2^{BE}]退避时隙内随机获取一个退避值。每一次退避等待结束，若信道忙碌，则 BE 值加 1，设备再次进入退避等待状态。BE 的上限值为 5。CW 定义了数据被发送之前，设备需要连续执行 CW 的次数。CW 的默认值是 2。NB 是退避次数，当设备有数据要传送时，随机退避一段时间后检测信道状态，若信道忙，NB 值会加 1，再次进入退避等待状态。NB 的上限值为 4。R 是重传次数，当设备发送数据后没有在规定时间内收到确认，R 值加 1，重新发送当前数据。R 的上限值为 3。

CSMA/CA 算法的工作流程如图 3-2 所示。设备发送一个数据包之前调用

CSMA/CA算法，首先初始化M、CW（默认初始值分别为3、2、0）。设备在[0，2^{BE}]范围内随机选择退避时间，退避计时满后，开始执行空闲信道评估。一个设备必须执行两次CCA，且两次CCA均为空闲时才能成功接入信道；如果任何一次为忙，退避指数加1，设备再次进入退避状态。若经过4次的退避延迟后检测到信道仍处于忙碌状态，则丢弃此数据。设备竞争获取信道使用权后，发送数据帧，并根据MAC pro中确认帧模式是否被采用，决定设备的下一个任务。若设备处于无需确认帧（acknowledgement，ACK）模式，则进入空闲或下一数据的发送状态。若处于确认帧模式，则在规定时间内等待确认帧，收到确认帧则进入空闲状态或下一数据的发送状态，没有收到确认帧则重发此数据，直到成功接收确认帧或重传次数到达上限，丢弃此包。

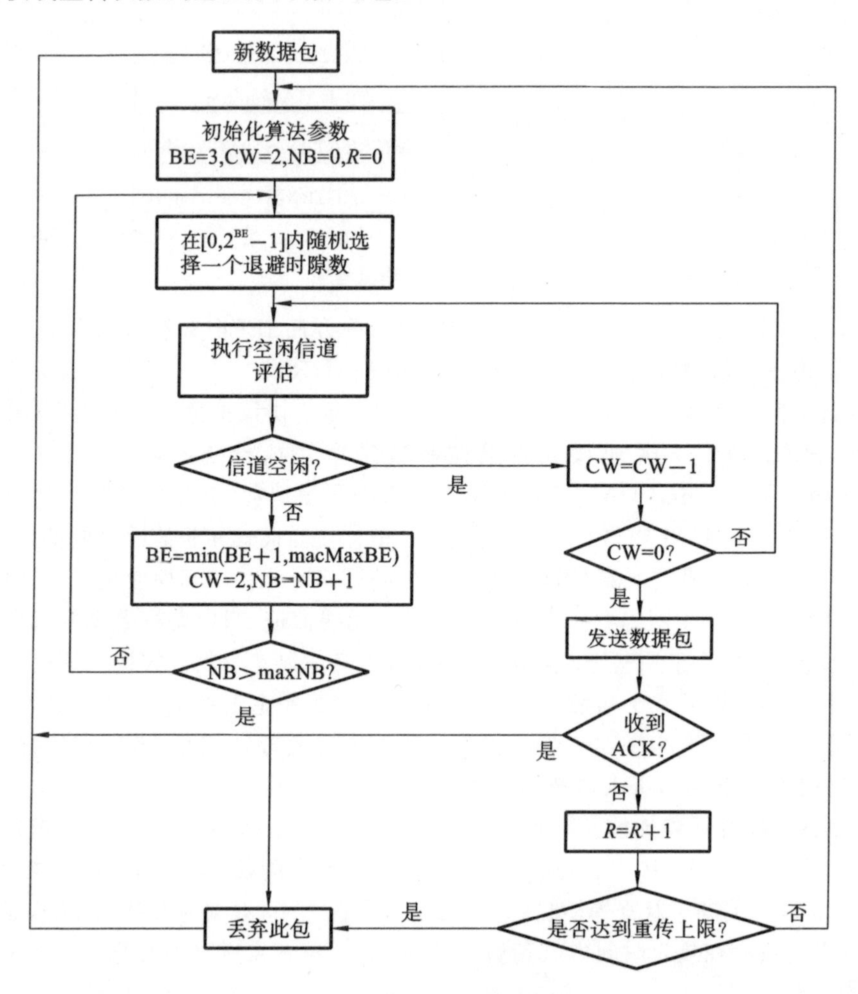

图3-2　CSMA/CA算法流程

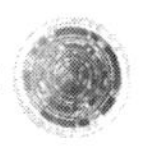

借鉴 IEEE 802.11 协议的分析方法，很多文献采用马尔科夫链对 IEEE 802.15.4 CSMA/CA 算法建立模型。在利用马尔科夫链解决问题时，可按饱和上行链路通信和不饱和上行链路通信分别进行讨论。其中，饱和上行链路通信是指设备完成一次数据包的发送后，立即进入下一个数据包的发送。由于饱和链路模型的推导过程相对简洁，可以通过合并重传状态和新的数据包发送状态进一步简化模型，多数建模的文章是基于饱和链路模型。然而，IEEE 802.15.4 协议是针对低数据传输速率设计的协议，对不饱和模型的分析是很有必要的。

3.2 提前休眠的时隙 CSMA/CA 机制

如何减少节点的功耗是在无线传感器网络协议设计时必须要考虑的问题。然而，现有分析模型基本上都忽略了协议中可选的低功耗休眠模式。本书对启用节点可选休眠模式的 IEEE 802.15.4 MAC 协议进行建模，并对主要性能指标进行数学分析。该模型通过节点退避过程中适时提前进入休眠状态，从而降低了节点的功耗。

3.2.1 时隙 CSMA/CA 算法建模

IEEE 802.15.4 MAC 支持信标使能和无信标使能两种工作模式，本节只分析信标使能模式，即各节点通过接收协调器周期性广播的信标帧与协调器保持同步，协议使用超帧进行定时。超帧将整个通信时间周期划分为活跃期(AP)与非活跃期(CFP)两个部分。AP 又被划分为信标帧时期、竞争接入时期(CAP)和非竞争接入。本书只研究采用时隙 CSMA/CA 的 CAP，即在 CAP 传输数据帧和 MAC 帧之前所采用的竞争接入机制，而在传输信标帧、确认帧和 CFP 的过程中不起作用。

为降低节点的功率消耗，假设各节点在本次 CAP 结束前若成功发送数据帧后没有数据发送或节点已尝试退避的次数 NB 达到最大值而仍没有接入信道，则其可在 CAP 内提前进入休眠模式。针对 N 个节点构成的星型拓扑网络，使用 Markov 链理论对时隙 CSMA/CA 算法进行数学建模，本模型启用了节点可选的休眠模式，其 Markov 模型如图 3-3 所示。

令 $BO_{i,k}$ 表示退避状态($i\in[0,\text{maxNB}]$，$k\in[0,W_i-1]$)。$C_{i,1}$ 和 $C_{i,2}$ 分别表示第一次和第二次信道评估(CCA)状态；T_i 表示数据帧发送状态($i\in[1,L]$)。I 表示休眠状态。α、β 分别为第一次和第二次 CCA 检测结果为忙的概率。q_1 表

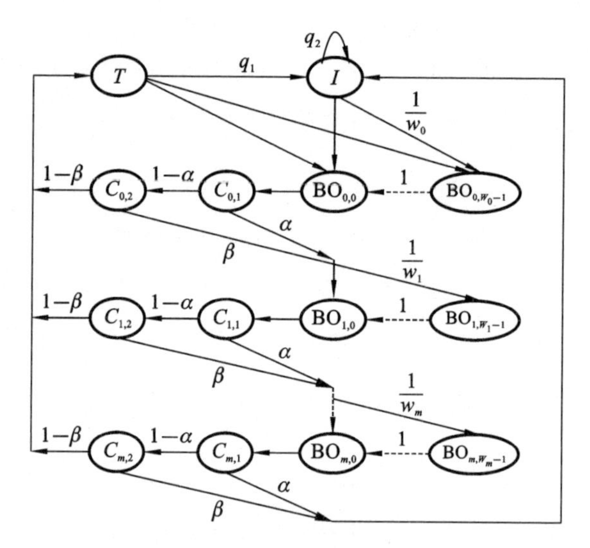

图 3-3 时隙 CSMA/CA 算法 Markov 模型

示本次传送完毕没有数据帧发送的概率。q_2表示一个休眠期后仍没有数据发送的概率。对于图 3-3 所示的分析模型存在平稳分布，主要状态间的单步转移概率如下。

每次退避期结束，当第一次 CCA 检测信道忙后，NB 加 1，进入下一轮退避期，则有：

$$P\{\mathrm{BO}_{i+1,k}|C_{i,1}\}=\alpha/W_i, i\in(0,m), k\in(0,W_i-1) \tag{3-1}$$

每次退避期结束后第一次 CCA 检测到信道为空闲，接着进行第二次 CCA 检测到信道为忙的概率为 β，则有：

$$P\{\mathrm{BO}_{i+1,k}|C_{i,2}\}=\beta/W_i, i\in(0,m), k\in(0,W_i-1) \tag{3-2}$$

成功传送完一个数据之后，如果无其他数据待发，节点进入休眠状态；否则，重新进入退避期。

$$P\{\mathrm{BO}_{0,k}|T\}=(1-q_1)/W_0, k\in(0,W_0-1) \tag{3-3}$$

当最后一轮退避期结束后第一次 CCA 检测到信道忙，当前的数据传输失败。如果仍有数据等待传输，则节点进入新的 CAP，否则节点进入休眠状态。

$$P\{\mathrm{BO}_{0,k}|C_{m,1}\}=(1-q_2)\alpha/W_0, k\in(0,W_0-1) \tag{3-4}$$

当最后一轮退避期结束后第二次 CCA 检测到信道繁忙，当前的数据传输过程失败。如果还有数据等待传输，则节点进入新的 CAP，否则节点进入休眠状态。

$$P\{\mathrm{BO}_{0,k}|C_{m,2}\}=(1-q_2)\beta/W_0, k\in(0,W_0-1) \tag{3-5}$$

节点经过一个休眠期之后仍无数据转发的概率为 q_2，从休眠状态进入信道竞争接入期的概率为

$$P\{BO_{0,k} \mid I\}=(1-q_2)/W_0, k\in(0,W_0-1) \tag{3-6}$$

依据上述结果,由马尔科夫链的相关性质可以得到分析模型的各个状态的稳态概率:

$$\begin{aligned}
\pi_{C_{i,2}} &= (1-\alpha)\pi_{C_{i,1}} \\
\pi_{BO_{i,0}} &= \pi_{BO_{i-1,0}}[\alpha+(1-\alpha)\beta] = \pi_{BO_{0,0}}[\alpha+(1-\alpha)\beta]^i \\
&= \pi_{BO_{0,0}}(\alpha+\beta-\alpha\beta)^i = \pi_{BO_{0,0}}S^i \\
\pi_{BO_{i,k}} &= \frac{(W_i-k)}{W_i}\pi_{BO_{i,0}}, i\in(0,m), k\in(0,W_i-1) \\
\pi_{T_i} &= (1-\beta)\sum_{i=0}^{m}\pi_{C_{i,2}} \\
\pi_{BO_{0,0}} &= (1-q_2)\pi_I+(1-q_1)\pi_{T_i}
\end{aligned} \tag{3-7}$$

另外,分析模型中第一次 CCA 状态总稳态概率和第二次 CCA 状态总稳态概率分别为

$$\begin{aligned}
&\pi_{C_{i,1}} = \pi_{BO_{i,0}}\cdot 1 = \pi_{BO_{0,0}}(\alpha+\beta-\alpha\beta)i = \pi_{BO_{0,0}}S^i, S=\alpha+\beta-\alpha\beta \\
&\sum_{i=0}^{m}\pi_{C_{i,1}} = \sum_{i=0}^{m}\pi_{BO_{i,0}} = \pi_{BO_{0,0}}\frac{1-S^{m+1}}{1-S} \\
&\sum_{i=0}^{m}\pi_{C_{i,2}} = (1-\alpha)\sum_{i=0}^{m}\pi_{C_{i,1}} = \frac{(1-S^{m+1})(1-\alpha)}{1-S}\pi_{BO_{0,0}}
\end{aligned} \tag{3-8}$$

由上述结果得到数据发送状态的稳态概率为

$$\pi_{T_i} = (1-\beta)\sum_{i=0}^{m}\pi_{C_{i,2}} = (1-\beta)(1-\alpha)\sum_{i=0}^{m}\pi_{C_{i,1}} = (1-S^{m+1})\pi_{BO_{0,0}} \tag{3-9}$$

另外分析模型中所有状态的稳态概率的和为 1:

$$\pi_I+\sum_{i=0}^{L-1}\pi_{T_i}+\sum_{i=0}^{m}\pi_{C_{i,1}}+\sum_{i=0}^{m}\pi_{C_{i,2}}+\sum_{i=0}^{m}\sum_{k=0}^{W_i-1}\pi_{BO_{i,k}}=1 \tag{3-10}$$

α、β 是模型中两个重要的参数,它们反映了信道中信息传输的情况、传输数据的流量等信息。分析模型中,转移概率 α 表示第一次 CCA 检测信道为忙的概率,即网络中其余的 $N-1$ 个节点中至少有一个节点信道检测为空闲并已经传输一个数据帧。

$$\alpha=L\cdot[1-(1-\pi_{T_i})^{n-1}] \tag{3-11}$$

转移概率 β 表示第一次 CCA 检测信道为空闲的情况下第二次 CCA 检测信道为忙的概率,即网络中其余的 $N-1$ 个节点中至少有一个节点信道检测为空闲并开始传输数据帧。

$$\beta=(1-\beta)[1-(1-\pi_{T_i})^{n-1}] \tag{3-12}$$

故得到 β 的值为

$$\beta=[1-(1-\pi_{T_i})^{n-1}]/[2-(1-\pi_{T_i})^{n-1}] \tag{3-13}$$

3.2.2 性能参数分析

非饱和负载情况下的平均信道吞吐量可表示为成功传输 L 个退避时隙数长度数据帧所用的信道时间占总的信道时间的份额。为了求解平均吞吐量的表达式，通过 Markov 链为信道建模，信道的状态转移图如图 3-4 所示。

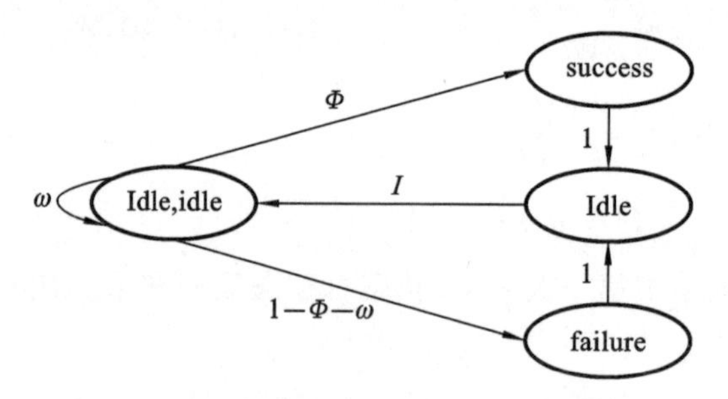

图 3-4 信道 Markov 模型

图中 success 状态为节点开始传输数据帧，转移到此状态的概率为 $\varphi=(1-\pi_{T_i})^n$。failure 状态为多个节点同时开始传输数据。Idle 状态为当前信道没有数据传送。(idle,idle)状态表示当 2 个连续的时隙内没有节点进行数据传送时，此状态发生的概率为 $\omega=n\pi_{T_i}(1-\pi_{T_i})^{n-1}$。参考文献[7]的推导，通过图 3-4 中的稳态概率方程组的计算得到网络吞吐量 S 的表达式为

$$S=\frac{\text{信道时间(成功传输 }L\text{ 时隙长度的数据帧所花的时间)}}{\text{总的信道时间}} \tag{3-14}$$

所以得到：

$$S=\frac{L\pi_{\text{Success}}}{\pi_{\text{idle,idle}}+L\pi_{\text{Success}}+\pi_{\text{idle}}+\pi_{\text{Failure}}}=\frac{L\omega}{1+(1+L)(1-\varphi)} \tag{3-15}$$

为计算节点平均功率消耗的表达式，将网络运行时间分为三部分：用于接收信标帧的时隙数(T_{becaon})、活跃期的竞争接入时期和非活跃期。节点从休眠状态切换至活跃状态所需的切换时间(T_{si})为 3.6 backoff slots，而其他状态间的切换时间忽略。每个节点的平均功率消耗可以定义如下：

$$Y_{\text{average}}=\left(\sum_{i=0}^{m}\pi_{C_{i,1}}+\sum_{i=0}^{m}\pi_{C_{i,2}}+\frac{T_{\text{beacon}}}{BI}\right)Y_{\text{receive}}+\left(\pi_I+\frac{BI-T_{\text{beacon}}-SD-T_{si}}{BI}\right)Y_{\text{sleep}}+\left(\sum_{i=0}^{m}\sum_{k=0}^{W_i-1}\pi_{BO_{i,k}}+\frac{T_{si}}{BI}\right)Y_{\text{idle}}+L\pi_{T_i}Y_{\text{trans}} \tag{3-16}$$

其中，T_{becaon}用于信标帧的接收；CAP 又分为退避、CCA、数据帧传输和休眠四个状态，分别以 Y_{idle}、$Y_{receive}$、Y_{trans} 和 Y_{sleep} 作为状态功耗进行计算；第三部分时间为 CFP 的休眠时间。从休眠状态切换至活跃状态所需的时间 T_{si}用 Y_{idle} 近似计算能量。为方便计算，节点退避期耗能近似于空闲状态耗能，CCA 耗能近似于节点接收耗能。

3.2.3 信道平均吞吐量和节点平均能量消耗比较

为验证上述分析的正确性，采用数学分析的方法对 CSMA/CA 算法进行性能分析。将网络部署为只有一个协调节点的星型拓扑，其余 $N-1$ 个 RFD 节点均在通信范围之内。在 IEEE 802.15.4 网络中，节点一般工作于非饱和负载的情形，只有上层有数据包到来，节点才准备进行数据传送，否则节点休眠。假设上层发送的数据包概率分布为泊松流量，平均报文速率为 1 pps，数据帧载荷 100 字节，MAC 帧头长 13 字节，PHY 帧头长 6 字节，信道带宽为 250 Kb/s，NB 最大值为 5，BE 最大值为 5，最小值为 3，L 为 6。节点状态（包括空闲、发送、接收和休眠状态）的功率消耗根据低功耗芯片 ChipconCC2420 的测定结果[7]而设置：$Y_{idle}=712\ \mu W$，$Y_{trans}=31.32\ mW$，$Y_{receive}=35.28\ mW$，$Y_{sleep}=144\ nW$。

图 3-5 所示的为提出模型的吞吐量数值结果与仿真结果的比较。可以看出，改变网络节点的数量，在网络非饱和负载下的吞吐量的理论分析结果与仿真结果的对比。

实验设定占空比为 25%的非饱和负载情况。通过模型可以分析 CSMA/CA 算法中参数 BE 最小值（minBE）对吞吐量的影响。图 3-5 所示的为信道吞吐量随 minBE 的变化情况。节点数少时，minBE 越大，吞吐量越低。随着节点数量增加，minBE 越大，吞吐量提高。这是因为在节点开始退避时从区间[0，2^{BE-1}]中选择更大的退避数，从而减少碰撞概率。因此，在较少节点数量的网络里，可以将 minBE 参数设置较小值以提高吞吐量。在较多节点数量的网络里可以将 minBE 参数设置较大值以降低信道冲突，提高吞吐量。

图 3-6 所示的为模型的节点功率消耗数值结果与仿真结果的比较。可以看出，每个节点的平均功率消耗随着节点数的增加而减少，这是因为一个节点成功竞争到信道从而发送数据帧的概率降低。没有竞争到信道资源的节点会进入新的退避阶段或直接于 CAP 内提前进入休眠状态，从而节省能量。另外，参数 minBE 越小，退避节点平均功率消耗越多。这是因为在节点退避时只能选择较小的退避数，增加信道碰撞概率，从而增加了节点的竞争接入信道的能耗。

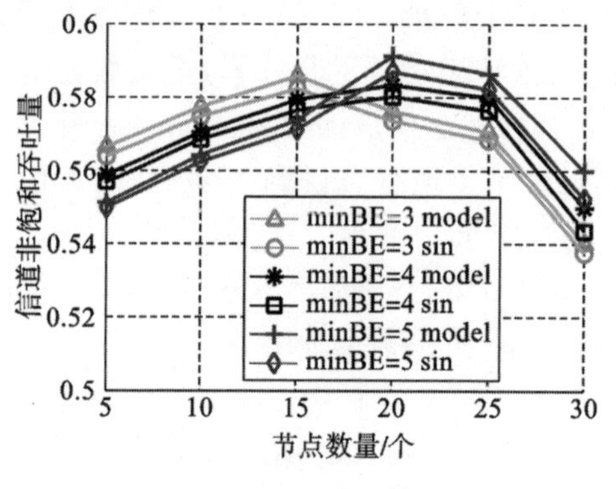

图 3-5 吞吐量的实验结果

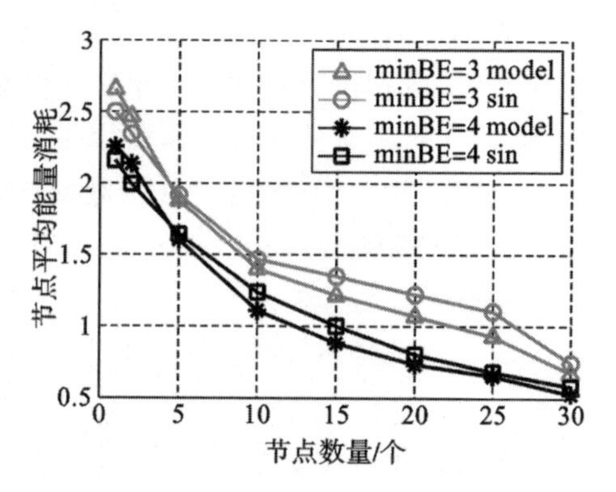

图 3-6 节点平均功率消耗的实验结果

3.3 基于超帧结构的节点状态转换机制

IEEE 802.15.4 协议是一个低成本、低复杂度和短距离无线通信并可以自组织的无线传感器网给链路层通信标准。在 IEEE 802.15.4 标准中，一些重要的协议参数没有确定固定的值，仅仅提供取值范围。这些协议参数值对 IEEE 802.15.4 媒体接入控制协议性能有较大的影响。因此，需要建立一个能够准确反映网络实际工作特点的分析模型，且基于该模型对 IEEE 802.15.4 协议的主要参数的作用进行深入的评估。

本节依据 IEEE 802.15.4MAC 协议实际工作特点，全面分析节点在超帧周期的工作过程，提出了一个 IEEE 802.15.4 网络信道访问机制的马尔科夫链模型，然后对协议主要参数和数据包服务时间性能进行研究。

3.3.1 数据包服务时间

IEEE 802.15.4 网络中，单位数据包的服务时间大小反映了通信系统的服务效率和实时性。IEEE 802.15.4 网络节点可以通过使用可选的超帧(superframe)结构来定时。在超帧定时模式下，协调器节点确定超帧的格式，根据协调器周期性发送的信标帧(beacon)来界定超帧的时隙数。超帧的结构不是固定的，可以根据应用情景需要进行灵活的结构设置。本书研究中将超帧分为活跃通信期(active)和可选的非活跃休眠期(inactive)两部分。节点只有处在通信期才能进行数据传输，而且 IEEE 802.15.4 网络节点在通信期采用时隙

CSMA/CA 算法进行媒体接入层信道的竞争使用。网络采用星型结构情形下，通信一般是指节点和协调器的上行链路通信问题。按照时隙 CSMA/CA 算法原理，由超帧的结构就可以界定协调器之间的数据传输，本书主要研究节点发送数据点在网络中的可能的工作状态，即传输态、退避态、信道评估态和休眠态，其相应耗费的时间为传输数据时间、退避时间、信道评估时间和休眠时间。

数据帧的服务时间是指从数据准备传输即 CSMA/CA 算法开始，到这次服务结束所持续的时间。按照节点工作的超帧结构，服务时间 $T_{service}$ 包含包成功传输时间 T_{tx} 和传输失败时间 $T_{failure}$。其中，T_{tx} 包含成功传输情况下退避时间和信道评估时间；$T_{failure}$ 包含传输失败情形下的三种情况：连续退避次数超过最大值后失败情形下的竞争接入时间、每次退避时的信道评估时间和休眠时间。

3.3.2 节点状态转化建模和数据包平均服务时间

在 IEEE 802.15.4 网络中，节点按照时隙 CSMA/CA 算法竞争媒体信道成功之后进行数据传输，否则进行退避甚至休眠。依据上文的网络超帧时间划分和节点状态类型分析，节点在通信过程中根据网络信道使用的实时情况在各种状态之间切换。节点状态的周期性动态转移特性符合马尔科夫链的模型特点。因此，为了科学分析 IEEE 802.15.4MAC 层的数据传输过程，可以对节点在超帧中的动态状态变换过程建立马尔科夫链模型，通过模型推导精确分析协议的性能特点和网络的优化策略。

鉴于无线传感器网络的数据负载一般是非饱和的情形，我们假定网络中等待传输的数据包到达节点的过程采用速率为 λ 的泊松分布过程来近似模拟。节点的状态转换数学模型如图 3-7 所示。

图 3-7 中，节点的主要状态退避、信道监测、传输和休眠分别由 BC、CA、TR 和 DO 表示。模型中的 h_1、h_2 和 h_3 分别表示节点从传输态、休眠态和当前退避结束三种状态转移到休眠态的概率。r、t 分别表示节点两次信道监测失败的概率。W_i 表示第 i 次节点退避窗口时隙数，值为 $W_0 2^i$，W_0 为退避窗口初值，大小为 2^{minBE}，BE 是退避指数初值。按照马尔科夫链的特点和性质，对各种节点状态之间的一步转移概率进行分析计算，建立转移概率方程组，然后分析影响网络性能的主要的转移概率因素的分析式和网络的一些性能指标。

依据图 3-7 中的状态转移关系，分析得出主要的一步转移概率如下：

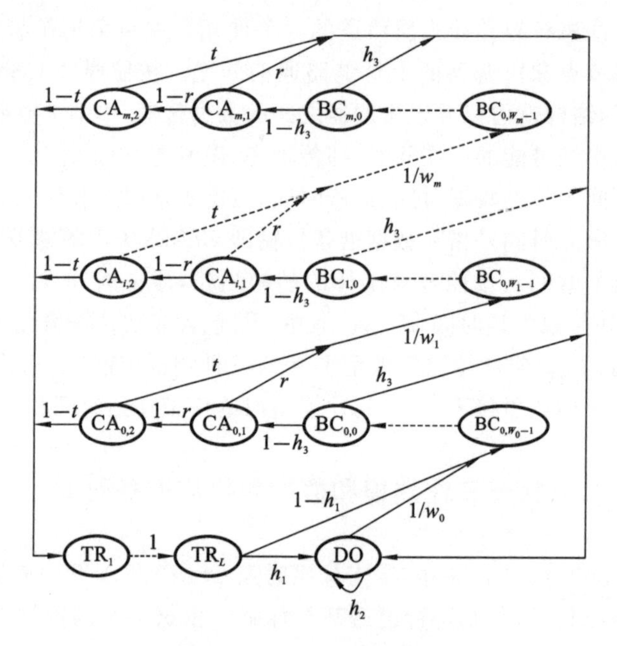

图 3-7　节点状态转换模型

$$
\begin{aligned}
&P\{BC_{0,k}\mid T\}=(1-h_1)/W_0,k\in(0,W_0-1)\\
&P\{BC_{i+1,k}\mid C_{i,1}\}=r/W_i,i\in(0,m),k\in(0,W_i-1)\\
&P\{BC_{0,k}\mid DO\}=(1-h_2)/W_0,k\in(0,W_0-1)\\
&P\{BC_{0,k}\mid BC_{i,0}\}=[(1-h_3)(1-r)(1-t)h_1(1-h_2)\\
&\qquad+(1-h_3)(1-r)(1-t)(1-h_1)\\
&\qquad+h_3(1-h_2)]/w_0,i\in(0,m),k\in(0,W_0-1)
\end{aligned}
\tag{3-17}
$$

推导得到的节点重要状态的稳态概率分析公式如下：

$$
\begin{aligned}
&\pi_{BC_{i,0}}=\pi_{BC_{i-1,0}}(1-h_3)[r+(1-r)t]=\pi_{BC_{0,0}}\rho^i,i\in(1,m)\\
&\rho=(1-h_3)(r+t-rt)\\
&\pi_{DO}=\{(\sum_{i=0}^{m}\pi_{BC_{i,0}})h_3+\sum_{i=0}^{m}\pi_{BC_{i,0}}(1-h_3)(1-r)(1-t)h_1\\
&\qquad+\pi_{BC_{m,0}}(1-h_3)[r+(1-r)t]\}/(1-h_2)\\
&\sum_{i=0}^{m}\pi_{CA_{i,2}}=(1-r)\cdot\sum_{i=0}^{m}\pi_{CA_{i,1}}=(1-h_3)(1-r)\cdot\frac{1-\rho^{m+1}}{1-\rho}\cdot\pi_{BC_{0,0}}\\
&\pi_{TR}=(1-t)\sum_{i=0}^{m}\pi_{CA_{i,2}}\\
&\rho=(1-h_3)(r+t-rt)
\end{aligned}
\tag{3-18}
$$

由于无线传感器网络的负载通常处于非饱和情形，可以通过 M/G/1 排队模型对非饱和网络负载分析描述，根据前述推导并参考文献[2]的分析思路，h_1 可分析表示为 $e^{-\lambda f}$，h_2 表示为 $e^{-\lambda W_0}$，其中 f 为单位数据帧在信道中传送时的平均服务时间，h_3 表示为 $L/(960\times 0.016\times 2^{SO})$，SO 为超帧指数(superframe order，SO)。

由上述分析，可以推导得到数据包的平均服务时间如下：

$$
\begin{aligned}
T_{\text{service}} &= T_{\text{tx}} + T_{\text{failure}} \\
T_{\text{service}} &= \frac{1-\rho^{m+1}}{1-\rho}(1-r)(1-t)(L+2) \\
&\quad + 2^{\text{minBE}}\left[\frac{1-(2\rho)^{m+1}}{1-2\rho} - \frac{1-\rho^{m+1}}{2(1-\rho)}\right] \\
&\quad - \frac{\rho(1-\rho^{m+1})-(1-\rho)(m+1)\rho^{m+1}}{2\,(1-\rho)^2} \\
&\quad + (2-r)\rho\,\frac{(1-\rho^{m+1})-(1-\rho)(m+1)\rho^{m}}{(1-\rho)^2} \\
&\quad + [r+(1-r)t]\rho^{m}[2^{\text{minBE}}(2^{m}-1)+(m+1)(2-r)]
\end{aligned}
\tag{3-19}
$$

3.3.3 数据包服务时间性能分析

依据上文对网络数据包平均服务时间的理论分析，下面通过实验分析时隙 CSMA/CA 算法的主要参数对网络数据包服务时间性能的影响，同时也对本书提出的信道接入模型进行评价。

假设网络规模 N 范围为 5～60，超帧指数 SO 范围为 4～5，信标指数 BO 值为 6，退避次数 NB 值范围为 4～5，退避指数 BE 值范围为 2～5，数据包时隙长 L 为 6 slot。下面分析网络的数据包平均服务时间性能和网络的主要状态的稳态概率。

依据前面的模型分析和参数推导，下面分析网络节点的主要状态稳态概率。

图 3-8 是节点退避状态稳态概率趋势图。随着 λ 的增加，很明显节点更多时间处于退避态。这是因为随着非饱和的数据负载增多，节点传输任务大量增加，众多节点申请信道使用权情况下导致信道冲突加剧，按照超帧结构节点进入退避态的概率显著增加。另外，NB 越大，退避概率也越大，这是由于退避次数增加的缘故。而且 BE 越大，退避概率明显增大。这是因为 BE 初始值越大，首次退避时间相对较长，其后的各轮退避期时间相对也更长，导致退避的状态持续时间更长，节点的退避概率更大。

图 3-9 是节点的数据发送稳态概率趋势图。很明显，随着 λ 的逐渐增加，NB 和 BE 对发送稳态概率影响很小，而且非饱和负载小时($\lambda<46$ 包/秒)，BE

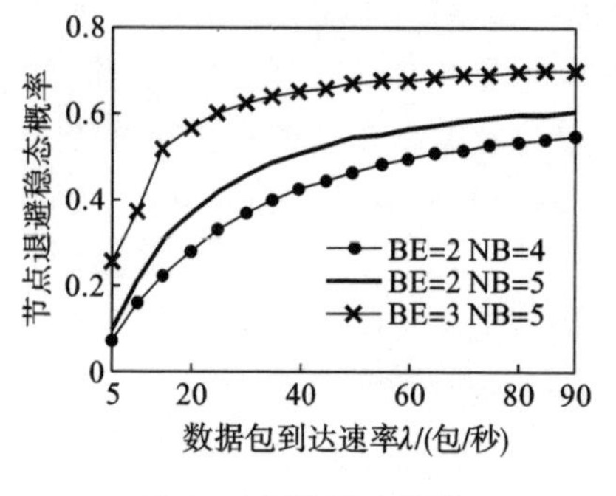

图 3-8　退避稳态概率

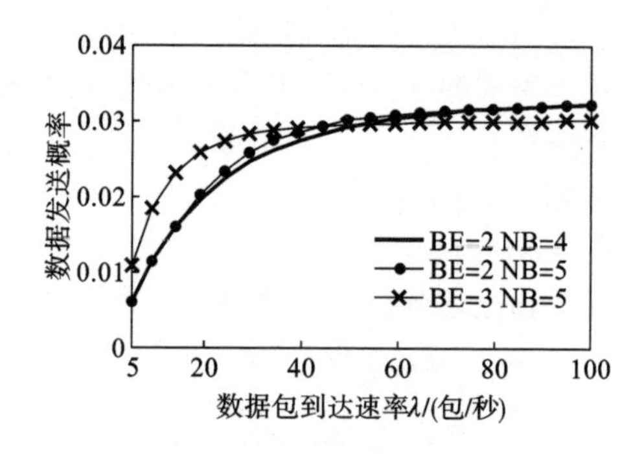

图 3-9　发送稳态概率

越大则发送概率越大。当非饱和负载较大时($\lambda>46$ 包/秒)，BE 越大则发送概率越小，这说明负载小时 BE 设置大点会使初始退避时间长点，有利于减小信道冲突，节点接入信道概率更大。相反，随着负载加大，信道冲突必然加大，BE 设置大点导致节点各轮退避时间延长，发送概率降低。

数据包平均服务时间的性能分析如下：图 3-10 所示的是网络参数 BE、NB 对网络数据包平均服务时间的影响。从图 3-10 可以看出，随着网络规模的扩大，数据包的平均服务时间都呈递增趋势。这是因为 IEEE 802.15.4 网络节点数越多，MAC 信道接入的竞争激烈程度越高，导致部分节点的退避次数更多，从而网络数据包平均服务时间增加。另外，退避指数对数据包平均服务时间影响较大，BE 值为 3 时的数据包平均服务时间比 BE 值为 2 时明显大很多。这是因为 BE 较大时，网络节点的初始退避时间长些，节点后续每次的退避时间相对更长，最终导致所有节点的数据包传输迟滞，服务时间增加很多。从图 3-10 中还可以看出，NB 值越小时服务时间越少，这是因为从整体上减少了网络节点的退避次数，从而直接降低了数据包的平均服务时间。

图 3-11 是超帧指数 SO 对数据包服务时间的影响趋势图。随着网络节点数量增加，SO 越小，数据包服务时间越少。这是因为网络初始设置较小的 SO 值，可直接控制超帧周期中的活跃期的最大范围，也即限制了节点的退避总时间大小，从而节点的数据包服务时间总体上缩短。但是也可以看出，减小 SO 值对数据包服务时间的影响不是非常大，因为超帧周期是固定的时长，若活跃期缩短，就相应地延长了超帧周期中的休眠期时长；并且较短的活跃期势必导致信道竞争冲突加剧，大部分节点只能是竞争信道失败进入休眠以便节能，以待下一个超帧到来时再次竞争信道，这样数据包的平均服务时间还可能有一定延长，从而一定程度抵消了减小 SO 值缩短数据包服务时间的影响。

图 3-12 所示的是服务时间随着数据包到达率 λ 的变化趋势。很明显，λ 越大，数据包服务时间越长。这是因为网络数据传输任务量增加后，网络信道的共

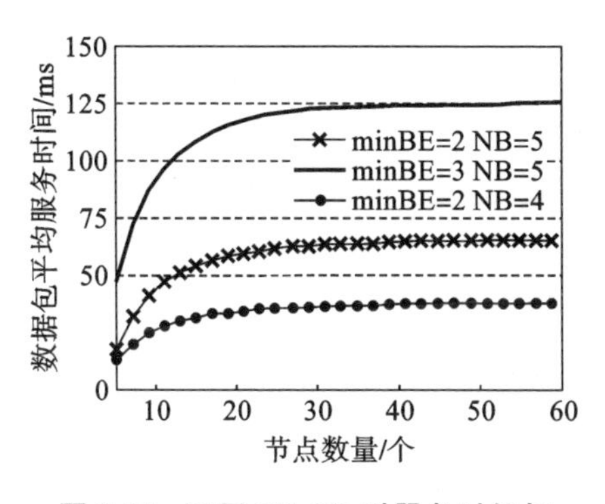

图 3-10　不同 BE、NB 时服务时间与 N 的关系

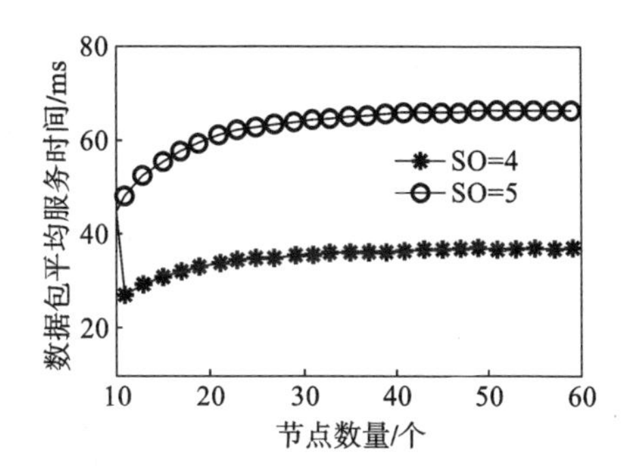

图 3-11　SO 对数据包服务时间的影响

享竞争恶化程度越发严重，数据包的传输服务时间相对要更长。另外，退避次数 NB 越小，数据包的服务时间越少，原因是从协议源头限制了节点退避时间相对少些，从而服务时间减少。退避指数 BE 越小，服务时间越少，这是因为节点初始退避时隙数少些，在非饱和负载情形下，节点发送成功的概率更高，相应的数据包传输服务时间减少。

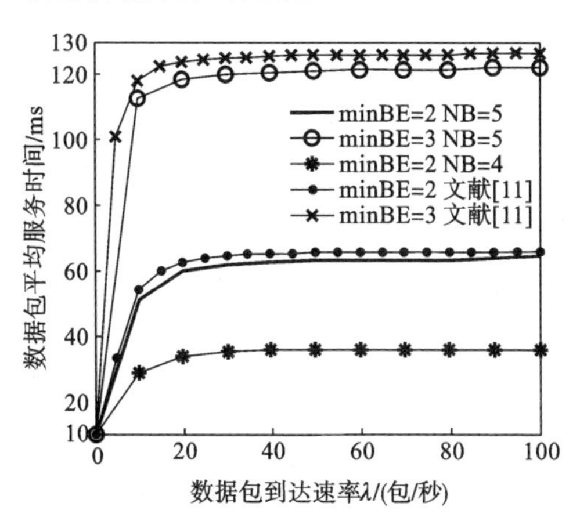

图 3-12　不同 BE、NB 时服务时间与 λ 的关系

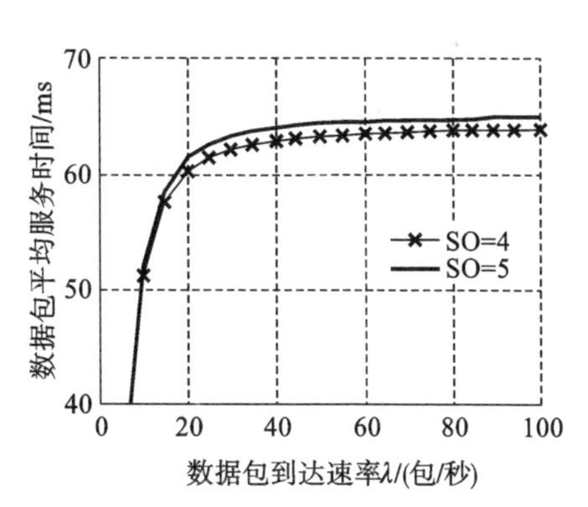

图 3-13　不同 SO 时服务时间与 λ 的关系

图 3-13 所示的是不同超帧指数时服务时间与 λ 的关系。随着 λ 的增加，数据包服务时间增加，但是 SO 对服务时间影响很小。这是因为在网络规模（N=25）固定的非饱和负载情形下，网络数据流量比较小，由 SO 确定的超帧活跃期时间长短对小流量的离散数据包发送过程影响很小，单位数据包的服务时间比较少。

根据模型并结合上述实验结果可以看出，数据包服务时间主要耗费在节点竞争信道阶段的退避期和竞争失败后的休眠期，而发送数据包的时间仅仅只有6时隙(1时隙=0.32 ms)。数据包服务时间分析结果验证了退避概率和发送概率的分析结果，反映模型的正确性和合理性。

为了改进IEEE 802.15.4网络数据包服务时间，本节根据协议原理提出了一个基于休眠态的MAC层信道访问机制，该机制通过设计超帧的结构将节点的工作状态划分为传输态、退避态、信道评估态和休眠态，然后对网络主要状态稳态概率和数据包服务时间性能进行推导和数学分析。实验结果说明，提出的节点状态转换的工作机制能够一定程度改善网络数据包服务时间。今后需要针对协议的其他需求改进节点在MAC层的工作机制，并建立更科学的数学模型，提出更好的改进策略，使协议具有更高的实时性和实际应用。

第4章 基于6LoWPAN的无线传感器网络低功耗MAC协议研究

4.1 6LoWPAN网络概述

目前，通信标准不统一是影响无线传感器网络大规模发展的最大阻碍，各种专用网络协议之间互联与整合非常困难。通常无线传感器网络组网有两种方式：第一，采用非IP技术，如ZigBee联盟推出的ZigBee协议和Z-Ware联盟推出的Z-Ware协议，这些协议主要针对网络内部节点之间的通信，不能兼容TCP/IP协议，也不能与其他网络直接通信，需要特殊的中间节点或者网关进行转发；第二种组网方式基于IP技术，IP架构是物联网时代的大趋势，这与IP技术的特性密切相关，直接接入现有网络，成为网络终端，实现与现有网络的无缝融合，更加有利于端到端的业务部署与管理。互联网是物联网的核心和基础，物联网在互联网的基础上进行延伸和扩展。IP技术具有开放性、标准性、可拓展性等特性，不需要任何其他硬件或软件就可以与任意给定的设备进行通信。现在能运行在低成本的微控制器中的IP网络软件也与日俱增，如Contiki、TinyOS和FreeRTOS。多种资源受限的低功耗传感器网络节点将逐渐加入到IP通信的大家族中，与以太网、WIFI以及其他基于IP的网络设备相互交流。

因为传感器网络节点（物联网感知终端）资源相对受限，只需8位的处理器，其内存空间通常也只有几千字节，所以在这样的节点上直接应用IPv6协议是难以实现的任务。6LoWPAN网络层和数据链路层间引入网络适配层，用来对IPv6数据包进行分片与重组并对IPv6分组进行报头压缩，该技术的引入突破性地实现了一种非常紧凑、高效的 IPv6，使得 IPv6 应用于资源严重受限的网络节点中成为现实。

作为一种新型的无线传感器网络，6LoWPAN 解决了以前各种专有协议和标准造成的弊端，如不同无线传感器网络间、无线传感器网络与 Internet 网络间的通信问题，同时也解决了无线传感器网络中海量的地址资源需求、有效地址管理机制、应有的安全机制等问题。但 6LoWPAN 网络在通信模式、时延要求、拓扑结构上与传统无线传感网络都有很大的不同，传统无线传感器网络数据多是单向、多对一、周期性的，如测量和控制信息等，而 IPv6 的引入使得数据增加了双向性、非周期性、突发性等特点，如突发事件报警信息等，还有对外部环境变化的实时响应，包括网络失效诊断、任务变化、节点增减等。所以节点在其生命周期内，负载变化大、突发性情况多，对时延要求也更高，如应用层的 CoAP 协议遵循的是类似于 HTTP 的 RESTfui 风格，节点之间一般是通过请求响应或者订阅/推送方式进行交互式通信，数据的传输具有交互性、突发性和非周期性。

6LoWPAN(low-power wireless personal area network，基于低功耗无线个域网)工作组于 2004 年建立。该工作组将 IPv6 引入以 IEEE 802.15.4 为底层标准的无线个域网。IPv6 协议服务于 IEEE 802.15.4 网络主要有以下挑战：

• IEEE 802.15.4 物理层支持的最大传输单元是 127 B，除去 IPv6 报头、MAC 层报头、传输层报头等开销，实际上只能为传输的数据提供很小的空间。

• IPv6 协议中规定最大传输单元的最小值是 1280 B，即 IP 层最小数据包分片是 1280 B，IEEE 802.15.4 链路层所支持的最大传输单元远远小于此值，则链路层需要对 IPv6 数据包分片和重组。

为解决上述问题，6LoWPAN 工作组在 IEEE 802.15.4 MAC 层与 IPv6 网络层间增加了一个网络适配层，把 IPv6 数据包适配到 IEEE 802.15.4 规定的 PHY 层和 MAC 层之上，适配层主要提供报文分片、报文重组和头压缩等服务。6LoWPAN 在低功耗节点协议栈中的位置与主要功能如图 4-1 所示。

6LoWPAN 技术在无线传感器网络领域有着绝对的优势，该技术采用下一代互联网核心技术 IPv6。由于 IP 网络的广泛应用，该项技术也更加容易被接受和普及，IPv6 技术的引入带来了庞大的地址空间，很够更好地满足部署大规模、高密度的网络需求，更易于连接到其他基于 IP 技术的网络及下一代互联网，使其能够充分利用 IP 网络的技术资源进行发展。

IPv6 是 IP 的下一个修订版本，严格遵守了 IP 的原有架构，可以解决一些 IPv4 的限制。IPv6 关键功能如下：

• IPv6 提供了更大的地址空间，这是大规模网络所要求的。虽然像家庭自动化网络这样低功耗网络可能只包含较少的节点，但很多情况下，低功耗网络节点的数量比传统的网络高出一个数量级。IPv6 把地址空间从 32 位扩展到 128

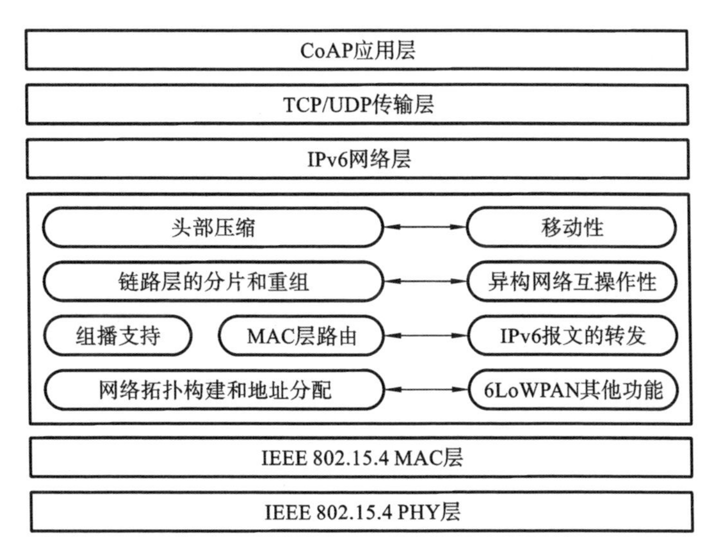

图 4-1 6LoWPAN 协议栈模型

位，将会有更多的可寻址的节点、地址分层、自动配置特性。

• 自动配置的功能，当网络规模很大的时候，将会出现一个非常具有挑战性的问题即快速整体管理，而 IPv6 支持自动配置特性集合，这也更符合无线传感器网络的需求。

• IPv6 头的改进，在 IPv4 头基础上删除了无用的字段，采用更简单的结构。

• IPv6 还增加了一些新的字段，在认证和隐私方面，IPv6 定义了一些扩展，用于支持认证、数据完整性和机密性。

6LoWPAN 的典型特征是数据报文长度小，因此要利用 6LoWPAN 网络传输完整的 IPv6 数据包，必须先对 IPv6 数据包作分片处理，第一个分片数据包偏移的值为 0，后面的分片会稍有不同，分片报文格式如图 4-2 所示。

• datagram_size：来自同一个 IPv6 数据包的每一个分片，datagram_size 字段的值都是相同的，值为原 IPv6 数据包的总长度。该字段支持最大 IPv6 数据包长度为 2048 B，可以满足 IPv6 报文的最小 MTU 要求。

• datagram_tag：该字段作用是分片标识，用于区分不同 IPv6 数据包的分片。分片中 datagram_tag 字段相同，则表示来自相同的 IPv6 数据包，该字段的初值没有定义，具有随机性，当节点发送一个 IPv6 数据包时，该值将会加上 1，当加到最大值时，再返回 0 重新开始。

• datagram_offset：该字段表示分片在原数据包中的位置，从第二个分片开始出现，第一个分片没有该字段，或可理解为第一个分片偏移值为 0。

重组是分片的一个相反的过程，接收方可以根据所接收到分片的 MAC 源

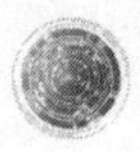

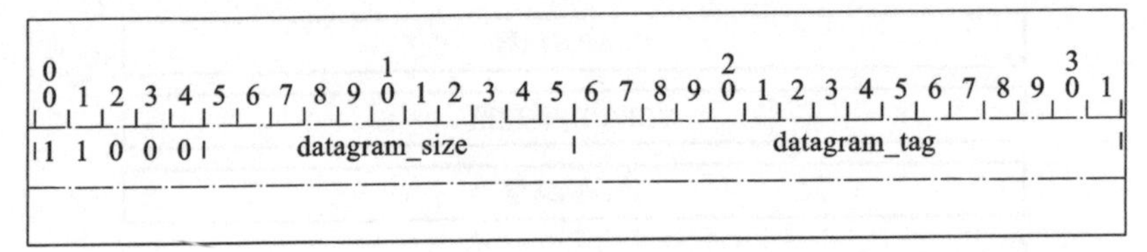

(a) 第一片

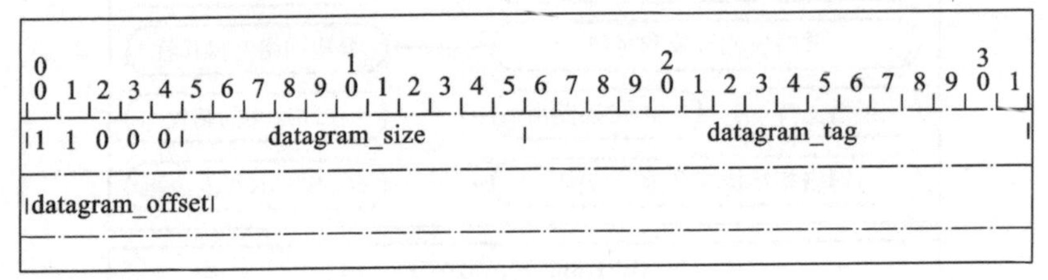

(b) 后续分片

图 4-2　分片报文格式

地址和 datagram_tag 值判断该分片是否来自同一原始 IPv6 数据包，使用一个重组队列对来自同一 IPv6 数据包的分片和其他一些信息（如 MAC 地址和 Tag 字段）进行维护。

过去人们设计的 IP 压缩技术主要针对长生存周期的流压缩，其原理是删除长生存周期的流中公共值。由于 6LoWPAN 网络通常是短生存周期的流，所以以往的 IP 压缩技术并不适用这种网络。6LoWPAN 制定了两种压缩算法：LoWPAN_HC1 和 LoWPAN IPHC，进行压缩 IPv6 报头中的冗余信息。其中，LoWPAN_HC1 算法用于本地链路地址优化，但是该算法不能很好地压缩广播地址和全局的路由地址，故不能应用于 6LoWPAN 网络与互联网互相通信。LoWPAN IPHC 算法在压缩路由的地址方面可以获得很好的效果。

6LoWPAN 网络常采用 CoAP 作为应用层协议，CoAP 在物联网技术中的地位将会越来越重要。限制应用协议（CoAP）是一种专用的 Web 传输协议，采用的是 REST 架构的设计风格，主要针对有受限的节点和网络，受限节点通常是只有很小的 ROM 和 RAM 的 8 位微控制器，比如受限网络运行 IPv6 的 6LoWPAN 有较高的误包率和较小的吞吐率。

4.2 MAC 层节点能耗分析

4.2.1 影响节点能量消耗的重要因素

MAC 协议主要用于传感器节点间共享通信媒介，很大程度上影响网络的吞吐量、延迟等性能。无线传感器网络中节点的能量消耗主要集中在射频通信模块，通信模块有发送状态、接收状态、空闲监听状态和睡眠状态四种。节点在发送状态能量消耗是最多的，接收状态次之；节点在空闲侦听状态只是监听信道，但仍需要消耗能量保证有数据到来时可以及时接收，该状态能量的消耗量与节点的类型有关，不同传感器对应的能耗是不一样的。在睡眠状态时，节点关闭收发器或者使其处于低能耗状态。提高网络通信效率和减少不必要的能量消耗是传感器网络中 MAC 协议设计的核心问题。

从无线传感器网络 MAC 层角度来看，数据传输引起节点能量的消耗主要是以下几个方面：

• 数据包冲突(data collision)。当一个接收节点同时收到来自多个发送节点的数据包时便会发生数据包冲突，形成节点间相互干扰，从而导致数据传输失败，此时需要重传数据包，造成能量的浪费。网络负载较高时，争用信道很容易产生冲突使得网络时延加大，吞吐量降低。

• 空闲监听(idle listening)。因为接收节点不知何时会有数据发送过来，接收节点只能保持监听空闲信道，以便不会错过传给自己的数据，而实际上真正数据传输时间很短，大部分时间都处于等待状态。这种空闲监听会给节点带来巨大的能源浪费，一般在传感器节点中，空闲监听和收发数据的能量消耗往往处于同一个数量级。

• 数据包串扰(overhearing)。在传感器网络中信道是共享的，节点在监听信道时，很可能会接收到不是自己所需要的数据包，然后再丢弃该数据包。这种情况同样会给节点造成额外的能量消耗，尤其是在网络中节点数量较多时，很容易发生串扰现象。

• 控制信息开销(control packet overhead)。数据包在传输的过程中可能会以一些控制信息开销为代价来保证信息的可靠传输，但是当这些控制信息过多时，同样会消耗很多的节点能量，特别是在真正需要传输的数据量较小时，控制信息在能量开销上所占比例将会相当大。

以上几点是传感器节点能量浪费的主因，很多研究人员针对不同方面对MAC协议进行改进，取得了相当可观的研究成果。无线传感器网络是和应用联系紧密的网络，不同的应用场合需要不同的拓扑结构，网络性能的侧重也有所不同，因而已有的研究成果在网络性能上也是各有所长。由于无线传感器网络独特的特性，其MAC层性能也受许多因素制约，评价标准与其他无线网络也不同。评价MAC协议的性能主要指标有：能效、可扩展性、自适应性、延时、吞吐量和信道利用率。其中能效、可扩展性和自适应性是传感器网络最重要的因素，其他性能可以根据应用不同来决定。本书主要针对以上所述的能量浪费最显著的空闲监听这一原因，采用周期侦听和休眠策略来减少节点的能耗，延长网络的生命周期。

4.2.2 低功耗睡眠调度

现有的传感器网络MAC协议大多采用了定期休眠技术，这种技术中传感器节点在判断是否需要通信时，可以关闭无线收发器，如休眠状态。休眠一段时间后节点定期醒来，打开无线收发器恢复活动状态，如此循环。定期休眠机制能够大量减少能量的消耗且具有良好的扩展性，但监听和睡眠持续的时间是固定的，在整个过程中保持不变。然而在实际应用中，网络的数据流量会随触发事件不同而产生动态的高低变化，当数据流量较小时，会有很多空闲时间，造成能量浪费；当数据流量较大时，一个工作周期往往不能完成通信工作，这时工作任务就要延续到下一个工作周期甚至更后面的工作周期，从而造成网络时延增大。现已经存在的方法主要是优化低流量负载，当流量增加到一定值时，这些方法的分组投递率、电源效率、高效延迟的能力会变差。

睡眠调度通常在MAC协议中完成，为无线传感器网络设计的所有MAC协议也都使用睡眠调度机制来降低能耗。很多解决空闲监听的方案都是利用占空比(duty cycling)来实现的。根据调度的特点，睡眠调度协议又可分为低功耗监听(low power listening，LPL)和低功耗探测(low power probing，LPP)。LPL也称前导检测(long preamble sampling)，由发送方发起(sender-initial)数据传输，通过使用低功率通信代替节点之间的同步，接收方仅仅需要在很短的时间检测信道，这样的做法可以减少空闲侦听。而LPP由接收方发起(receiver-initial)数据传输。低功耗监听和低功耗探测是无线传感器网络中常用的两种低功耗周期性工作技术，过程如图4-3所示。

LPL中使用的机制是发送节点触发，协议中每个接收节点周期性地从睡眠中醒来检测信道的能量，如果能量高于设定的阈值，则接收节点认为存在数据传输，保持无线通信模块打开来接收可能的数据包；否则，关闭无线通信模块，这个

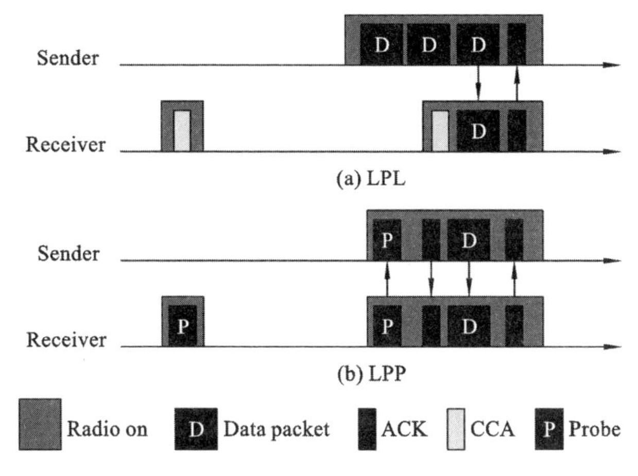

图 4-3　两种低功耗周期性工作技术

过程称为空闲信道评估(clear channel assessment,CCA)。使用 LPL 的发送节点重复发送数据包做传输前导,直到接收节点返回一个 ACK 表示数据包已被收到。因为没有协调收发双方的唤醒和睡眠时间,在发送每一个数据包之前发送方都需要通过发送长度不小于检测周期的前导码来唤醒接收方。由于无线通信中邻居节点共享同一通道,这就使得发送方发送的数据可以到达传输范围内的每一个节点,但即使某一节点并非目的节点时仍需消耗能量来接收前导码,这就会产生“串扰”开销。在 LPP 中,节点使用的机制是接收节点触发,每个接收节点都会周期性醒来发送一个探测包(Probe)宣告周围节点自己醒来这一事件,收到接收节点的探测包,发送节点会马上发出数据包。在 LPP 中,发送节点不会主动重复发送传输前导,而是静默等待接收节点的探测包,只有在收到探测包的时候才进行数据传输。如果 LPP 机制的探测包丢失,发送节点等不到来自接收节点的探测包会导致其一直打开自己的无线通信模块,监听信道,等待可能的探测包消息。这种情况会造成发送节点无线通信模块打开过长的时间,导致能量的浪费。

不同的 MAC 协议有不同的性能特点,如倾向于提高能量效率、网络延迟或网络吞吐量等,而这些性能之间都存在一定程度的矛盾性,并且受多种因素的制约。无线传感器网络与应用的需求有着高度的相关性,研究人员根据需求的不同而提出相应的 MAC 协议。基于竞争的占空比 MAC 协议可以粗略分为同步和异步的方法,以及一些混合型的方法。已经存在的方法主要是优化低流量负载,当流量增加的时候,这些方法的分组投递率、电源效率、高效延迟的能力会变差。在无线传感器网络中有些流量可能是动态的,一个理想的无线传感器网络 MAC 协议可以在较大范围的流量负载下很好地工作,包括高流量负载和突发流量。根据时间同步与否，无线传感器网络的 MAC 协议大致分为同步调度和异步调度两种。

- 同步的睡眠调度 MAC 协议。同步调度的 MAC 协议的睡眠调度需要通过精确时钟对节点进行控制，同步调度通常把工作周期划分为同步、竞争、数据和睡眠四部分，接收双方在共同唤醒期间传输数据。这种方式需要中心节点控制全局时钟，或者其他机制来维持收发双方的同步。当节点较多时易产生冲突，且扩展性不好。

- 异步的睡眠调度 MAC 协议。同步调度的 MAC 协议需要节点周期性切换到活跃状态并交换同步数据包，这种周期性的同步负担使得节点难以进一步降低空闲监听的比例。异步调度控制收发双方的耦合度比较低，协议的关键在于收发双方握手技术的设计。在负载流量较低的网络中，异步调度的能量利用率比同步调度的要高得多。此外，异步调度协议简单、扩展性好，这两点对于资源受限的节点和规模大的无线传感器网络具有重大的意义。在异步调度的 MAC 协议中，节点独立地进行睡眠调度，但由于缺乏接收节点的睡眠调度的时间表，发送节点必须长期处于活动状态，在接收节点醒来后才能进行数据通信，这会引入额外时间和能耗的开销。

4.3 6LoWPAN 网络能耗性能建模分析

4.3.1 信道竞争过程建模

低能耗是 6LoWPAN 最主要的设计目标之一，考虑 N 个节点组成的星型拓扑网络，本书研究 MAC 层支持信标使能模式的 6LoWPAN 网络，节点工作时使用超帧进行定时。

为了降低节点的平均能耗，在节点工作的超帧周期中激活睡眠期，这样节点通信时间划分为活跃期 AP 与睡眠期 IP，而 AP 又被划分为信标帧时间、信道竞争期(CAP)，节点在信道冲突严重时进入睡眠期以便节省能量。为了进一步降低节点的能耗，基于超帧结构划分，允许节点根据工作状态在信道竞争期内适时随机进入睡眠期。例如，CAP 内节点若传送一次数据包后没有发送任务就适时进行睡眠，以免节点在 CAP 内空闲侦听。另外，若节点在 CAP 内已经退避的轮数达到极限后还是未成功接入，则马上进入睡眠期。通过这些措施，让节点尽可能地在信道竞争中避免能量浪费，改善 6LoWPAN 网络总能耗和延长生存周期。

因为节点接入信道使用的时隙 CSMA/CA 算法是一个离散的随机过程，该过程符合 Markov 链对象是离散状态空间的特点，因此使用 Markov 链理论对 6LoWPAN 网络节点接入信道过程进行建模，其模型如图 4-4 所示。

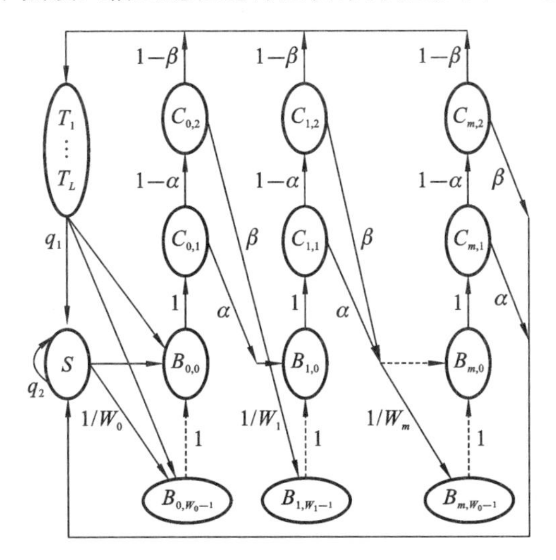

图 4-4　信道竞争模型

通过建立的模型可以对节点主要状态转换过程和网络性能指标进行深入的数学分析，模型图中状态 S 为睡眠态，$C_{i,1}$ 和 $C_{i,2}$ 分别是节点的两次信道评估状态；T_i 为节点发送数据包状态，$B_{i,k}$ 表示节点第 i 次退避时第 k 个时隙退避状态（$i\in[0,\mathrm{maxNB}]$，$k\in[0,W_i-1]$）。W_i 为退避指数为 i 时的退避时隙数选择窗口大小，其值为 $W_0 2^i$，W_0 为初始退避窗口时隙数（值为 2^{minBE}）。q_1 表示一次数据传输成功后无发送任务的概率。q_2 表示节点持续了一个超帧睡眠期 IP 后还没有数据发送的概率。由图 4-4 可求得节点各个状态间的转移概率，且对于图 4-4 所示的状态切换模型，显然存在平稳分布，因此由马尔科夫链的相关性质可得到分析模型的主要状态的稳态概率如下[6]：

$$
\begin{cases}
\pi_{C_{m,2}} = \pi_{B_{0,0}}(1-\alpha)\delta^m, \delta = \alpha + \beta - \alpha\beta \\
\pi_{T_i} = \pi_{B_{0,0}}(1-\delta^{m+1}) \\
\sum_{i=0}^{m} \pi_{C_{i,1}} = \sum_{i=0}^{m} \pi_{B_{i,0}} = (1-\delta^{m+1})\pi_{B_{0,0}}/(1-\delta) = \chi \\
\sum_{i=0}^{m} \pi_{C_{i,2}} = (1-\delta^{m+1})(1-\alpha)\pi_{B_{0,0}}/(1-\delta) \\
\sum_{i=0}^{m}\sum_{k=1}^{W_i-1} \pi_{B_{i,k}} = \frac{1}{2}\Big[W_0 2^{\mathrm{maxBE-minBE}} \frac{S^{\mathrm{maxBE-minBE+1}} - \delta^{\mathrm{NB}}}{1-\delta} \\
\qquad + W_0 \frac{1-(2\delta)^{\mathrm{maxBE-minBE+1}}}{1-2\delta} - \frac{1-\delta^{\mathrm{NB+1}}}{1-\delta}\Big]\pi_{B_{0,0}}
\end{cases}
\tag{4-1}
$$

另外，α 表示首次检测信道为冲突的概率，可以表示为

$$\alpha = L(1-\alpha)(1-\beta)[1-(1-\chi)^{n-1}] \tag{4-2}$$

β 表示首次检测信道不冲突的情况下第二次信道检测为冲突的概率，可表示为

$$\beta = [1-(1-\chi)^{n-1}]/[2-(1-\chi)^{n-1}] \tag{4-3}$$

鉴于 6LoWPAN 网络一般处于非饱和负载工作状态，参照文献[5]的分析方法，节点完成一次数据发送后无数据传送的概率 q_1 表示为：$1-\lambda/v$，其中 v 为数据包平均服务率，表示为 $1/T_{\text{service}}$，而 T_{service} 为数据包平均服务时间。为了简化计算，由泰勒级数展开式可得 $q_1=\exp(-\lambda * T_{\text{service}})$。$T_{\text{service}}$ 可由图 4-4 所示的模型进行详细的数值分析计算求得。q_2 表示节点保持一个超帧睡眠期后还没有传输任务的概率，可表示为：$q_2=\exp(-\lambda * W_0)$。

基于建立的 6LoWPAN 网络 MAC 协议信道接入模型，下面分析 6LoWPAN 网络节点在一个超帧周期内的平均能耗。由模型可将节点运行时间分为以下三个部分：用于接收信标帧的时隙数、CAP 和睡眠期 IP。其中 CAP 包括退避等待期、信道检测期、数据发送期和提前睡眠期四部分。根据上述分析，节点在信道检测状态、空闲退避期和传输期间能量消耗分别表示如下：

$$\begin{cases} Y_{\text{CCA}} = \dfrac{\text{SD}}{\text{BI}}\left(\sum\limits_{i=0}^{m}\pi_{C_{i,1}} + \sum\limits_{i=0}^{m}\pi_{C_{i,2}}\right)Y_{\text{receive}} \\ Y_{\text{IDLE}} = \dfrac{\text{SD}}{\text{BI}}\sum\limits_{i=0}^{m}\sum\limits_{k=0}^{W_i-1}\pi_{B_{i,k}}Y_{\text{idle}} \\ Y_{T_i} = \dfrac{\text{SD}}{\text{BI}}L\pi_{T_i}Y_{\text{trans}} \end{cases} \tag{4-4}$$

由上面的分析，网络节点平均能耗表示为

$$\begin{aligned} Y = {} & Y_{\text{IDLE}} + Y_{\text{CCA}} + Y_{T_i} + \frac{T_{\text{beacon}}}{\text{BI}}Y_{\text{receive}} + \frac{\text{SD}}{\text{BI}}\pi_S Y_{\text{sleep}} \\ & + \frac{\text{BI} - T_{\text{beacon}} - \text{SD} - T_{\text{si}}}{\text{BI}}Y_{\text{sleep}} + \frac{T_{\text{si}}}{\text{BI}}Y_{\text{idle}} \end{aligned} \tag{4-5}$$

为方便计算，节点退避期耗能相当于空闲状态耗能，信道检测耗能相当于数据接收耗能。式(4-5)中，前三部分分别为节点信道检测能耗、退避能耗和发送能耗，第四部分为信标帧的接收能耗，第五部分为 CAP 内提前睡眠的能耗，第六部分为超帧睡眠期能耗，第七部分为状态切换能耗。

4.3.2 网络性能分析

为验证本书提出的激活节点睡眠态的 6LoWPAN 网络信道接入过程模型的准确性和有效性，下面对该模型进行数学分析和评价。网络中的节点工作于

非饱和负载，在网络层有数据包到来时节点就进行信道竞争以便完成传送数据，否则节点提前进入或适时进入睡眠期节省能量。主要协议参数设置如下：超帧中的信标级数 BO 为 6，超帧级数 SO 为 4，NB 最大值为 5，CW 为 2，退避次数最大值、最小值分别为 5 和 2。网络层发送的数据包载荷为 100 B，数据包到达速率 λ 最大为 100 包/秒。数据包长为 6 时隙数，超帧时隙宽度为 20 个符号宽度，每时隙长可传输 80 比特数据。节点在空闲监听、发送数据、接收数据和睡眠期的功率消耗设置分别为：$Y_{\mathrm{idle}}=0.8\ \mathrm{mW}$，$Y_{\mathrm{trans}}=31.3\ \mathrm{mW}$，$Y_{\mathrm{receive}}=35.3\ \mathrm{mW}$，$Y_{\mathrm{sleep}}=144\ \mathrm{nW}$[9]。下面对 λ 值变化时网络中主要协议参数和性能指标的变化规律进行数学分析和研究。

图 4-5 描述了节点发送状态的稳态概率分析结果。从图 4-5 可以看出，当网络负载较小时，随着 λ 的增大，发送概率值呈递增趋势，且设置较大的退避指数初值时能够获得较高的发送概率。这是因为网络负载缓慢增大时节点空闲的概率降低，相应的节点处于发送状态的机会加大，并且 minBE 值越大时信道冲突降低，从而发送概率越大。一旦网络负载饱和之后，随着 λ 的增加而趋于稳定。

图 4-6 描述了信道检测冲突概率的分析结果。从图 4-6 可以看出，随着 λ 的增大，两次信道检测的冲突概率 α 和 β 都逐渐增大，且首次信道检测为冲突的概率明显比第二次检测结果要大。另外，退避指数初值越小时冲突概率越大。这是因为退避指数初值越小，节点检测信道之前退避等待的时间越短，信道竞争也就更加恶化，从而信道冲突加剧。另外，通过第一次信道检测之后网络中只有部分节点检测信道为空闲，所以第二次进行信道检测时冲突概率自然要降低。

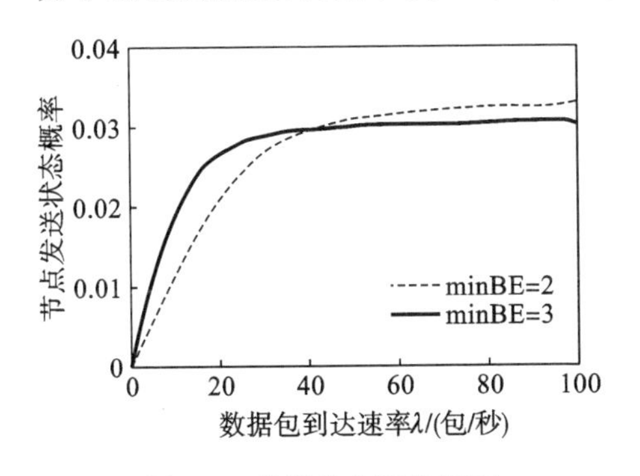

图 4-5　发送状态稳态概率

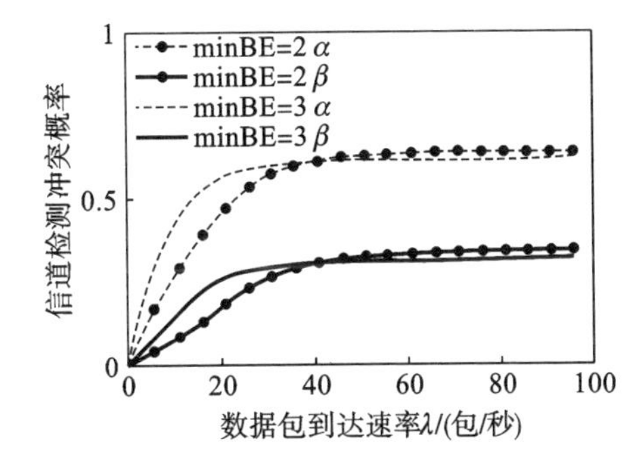

图 4-6　信道检测冲突概率

图 4-7 描述了节点处于退避状态的概率分析结果。从图 4-7 可以看出，随着 λ 的增大，退避状态概率逐渐增大，且退避次数越大，节点处于退避状态的概率越小。这是因为随着网络负载的逐渐增大，网络节点竞争信道的冲突逐渐增大。另外，NB 值越小时信道冲突越大，这样节点只能退避等待更长时间，以便

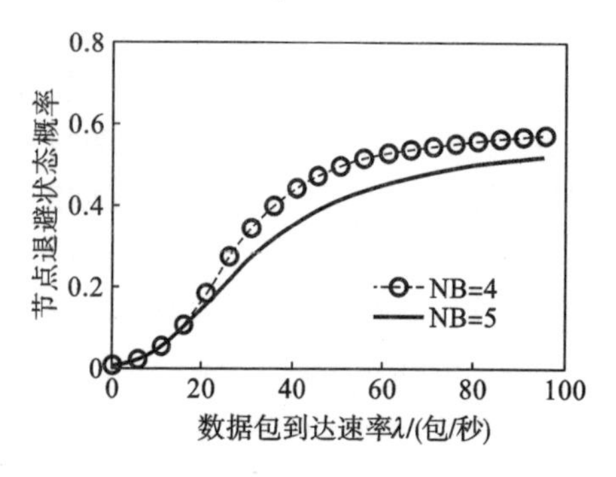

图 4-7 退避态稳态概率

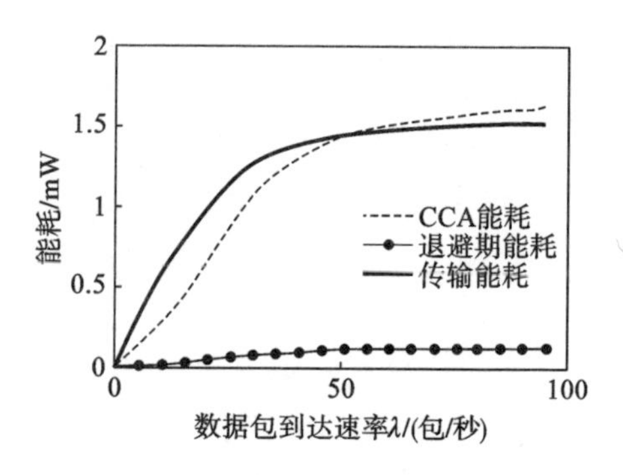

图 4-8 节点主要状态能耗

增加下次信道检测成功的机会。

下面分析网络节点的能耗性能。通过图 4-8 对节点各个主要状态的能耗对比分析，可以看出，随着网络负载的增大，节点各个状态的能耗均逐渐增大，且传输能耗和信道检测能耗增速较快，而退避期能耗相对小得多。这说明节点主要能耗来自于传输数据和信道检测过程。

图 4-9 描述了节点平均能耗分析结果。从图 4-9 可以看出，随着 λ 的递增，节点能耗逐渐增多，且退避次数越大时节点的平均能耗相对较高。这是因为节点在信道竞争中耗费的时间更长，加上节点状态切换次数更多，也会消耗更多的能量。

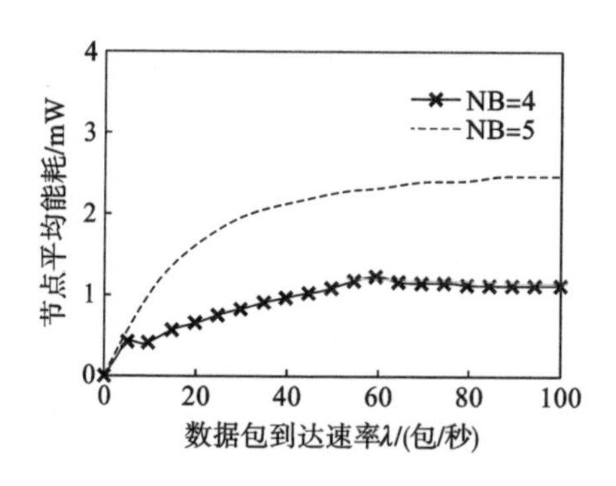

图 4-9 节点平均能耗

本节提出一种激活超帧睡眠期的 6LoWPAN 网络 MAC 层信道竞争机制，通过对该机制数学建模分析，结果表明建立的模型能够很好地反映 6LoWPAN 网络在启用超帧睡眠期情况下的信道接入方法的特性，而且通过合理设置协议主要的参数 NB 和 minBE 的值，可以降低信道冲突概率，提高节点发送概率，最终降低节点的平均能耗。另外还能够使用提出的模型对 6LoWPAN 网络 MAC 层其他性能指标进行研究和优化。今后需要进一步通过改进 6LoWPAN 网络信道竞争机制，并建立相应的优化模型来分析评价网络其他性能指标，使其具有

更广泛的应用。

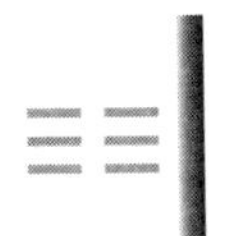

4.4 6LoWPAN 网络信道吞吐量研究

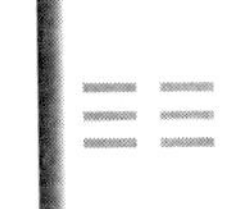

MAC 协议的能量有效性和 MAC 层信道利用效率是 6LoWPAN 网络 MAC 层设计的重要问题。本书在分析基于睡眠机制的 6LoWPAN 网络信道接入算法基础上，运用 Markov 链理论对 6LoWPAN 网络信道接入算法建模，并基于该模型对网络吞吐量性能进行数学分析。

4.4.1 6LoWPAN 网络信道接入机制建模

6LoWPAN 网络链路层协议 IEEE 802.15.4 MAC 层工作在信标使能模式时，网络节点是通过接收协调器广播的信标帧与协调器保持同步，并通过超帧进行定时。而超帧时间划分为活跃期(AP)与非活跃期(IP)两个部分。AP 细分为信标时间、竞争接入期(CAP)和非竞争接入期(CFP)，这里考虑 CFP 的作用。节点在 IP 切换为睡眠态，这种机制在 6LoWPAN 中，尤其在低负载网络实时应用中能够有效地节省节点能耗。

为了充分降低 6LoWPAN 网络节点的功耗，启用节点睡眠期的同时，网络各节点还可以在 CAP 内适时提前进入睡眠：

(1) 节点尝试退避次数达到极限仍未成功，则提前进入睡眠态，以便下一超帧重新竞争信道，这样减少节点长期处于退避状态而耗能；

(2) 按照超帧时间分配，CAP 结束后节点马上进入 IP；

(3) 节点成功发送数据帧后没有发送任务，可在 CAP 内进入睡眠态，以减少节点在 CAP 内因空闲监听而消耗能量。

通过这些节能措施，节点在信道竞争中尽量节省能量，以便改善 6LoWPAN 网络 MAC 层相关性能，延长网络生命周期。

假设 6LoWPAN 网络由 N 个普通节点和一个协调节点构成一个单跳星型拓扑网络。所有节点采用基于睡眠机制的信道接入算法。节点访问信道使用的时隙 CSMA/CA 算法是一个离散的随机过程，它符合 Markov 链中对象是离散状态空间的特点，所以使用 Markov 链理论对 6LoWPAN 网络 MAC 层信道接入机制进行数学建模，其模型如图 4-10 所示。

图 4-10 中，$C_{i,1}$ 和 $C_{i,2}$ 表示两次空闲信道评估状态，TX 为数据帧发送状态，S 为节点睡眠态，$B_{i,k}$ 为节点退避状态(其中 $i=\mathrm{NB}\in[0,m]$，$k\in[0,W_i-1]$)。

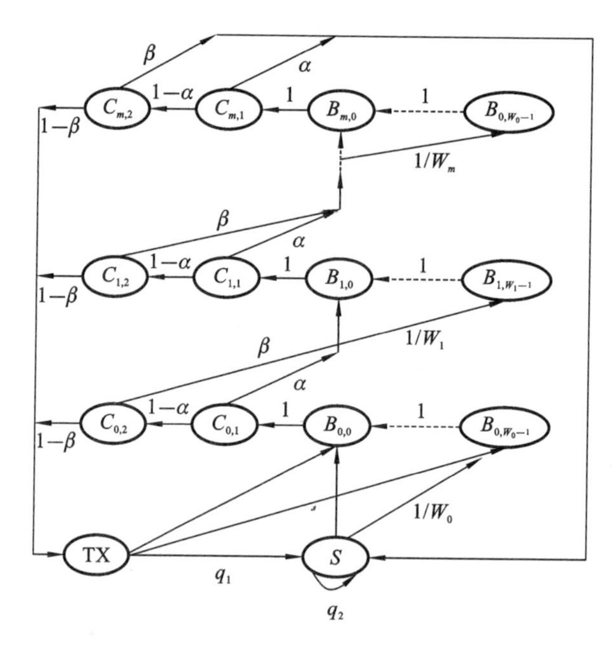

图 4-10　信道接入模型

W_0 为初始退避窗口大小 2^{minBE}，W_i 为退避指数为 i 时的退避窗口大小。α、β 为两次信道检测失败的概率。q_1 表示成功传输一次数据后无发送任务的概率。q_2 表示节点睡眠一个周期后还没有传输任务的概率。对于图 4-10 所示的状态切换模型，显然存在平稳分布。依据上述结果，由马尔科夫链的相关性质可得到模型的主要状态的稳态概率：

$$\begin{cases}\pi_{B_{i,0}} = \pi_{B_{i-1,0}}[\alpha + (1-\alpha)\beta] = \pi_{B_{0,0}} S^i, S = \alpha + \beta - \alpha\beta \\ \pi_S = [q_1(1-S^{m+1})\pi_{B_{0,0}} + \alpha\pi_{B_{0,0}} S^m \\ \qquad + \beta(1-\alpha)\pi_{B_{0,0}} S^m]/(1-q_2) \\ \sum_{i=0}^{m} \pi_{C_{i,1}} = \sum_{i=0}^{m} \pi_{B_{i,0}} = \pi_{B_{0,0}} \dfrac{1-S^{m+1}}{1-S} = \varphi \\ \pi_{TX} = (1-\beta)\sum_{i=0}^{m} \pi_{C_{i,2}} = (1-S^{m+1})\pi_{B_{0,0}} \\ \sum_{i=0}^{m}\sum_{k=1}^{W_i-1} \pi_{B_{i,k}} = \dfrac{1}{2}[W_0 2^{\mathrm{maxBE}-\mathrm{minBE}} \dfrac{S^{\mathrm{maxBE}-\mathrm{minBE}+1} - S^{\mathrm{NB}}}{1-S} \\ \qquad + W_0 \dfrac{1-(2S)^{\mathrm{maxBE}-\mathrm{minBE}+1}}{1-2S} - \dfrac{1-S^{\mathrm{NB}+1}}{1-S}]\pi_{B_{0,0}} \end{cases} \tag{4-6}$$

由上述公式，得到退避状态 $B_{0,0}$ 的稳态概率为

$$B_{0,0}=1/\left\{\left[q_1(1-S^{m+1})+\alpha S^{m+1}+\beta(1-\alpha)S^m\right]/(1-q_2)+L(1-S^{m+1})+\frac{1-S^{m+1}}{1-S}+\frac{(1-S^{m+1})(1-\alpha)}{1-S}+\frac{1}{2}\left[W_0 2^{\mathrm{maxBE}-\mathrm{minBE}}\frac{S^{\mathrm{maxBE}-\mathrm{minBE}+1}-S^{\mathrm{NB}}}{1-S}+W_0\frac{1-(2S)^{\mathrm{maxBE}-\mathrm{minBE}+1}}{1-2S}-\frac{1-S^{m+1}}{1-S}\right]\right\} \tag{4-7}$$

另外，α 表示网络中其余的 $N-1$ 个节点中至少有一个接入成功并已传输一个数据帧的概率，可得：

$$\alpha=L[1-(1-\varphi)^{n-1}](1-\alpha)(1-\beta) \tag{4-8}$$

β 表示节点第二次信道评估为忙的概率，即网络中其余的节点中至少有一个开始传输数据帧的概率，可得：

$$\beta=[1-(1-\varphi)^{n-1}]/[2-(1-\varphi)^{n-1}] \tag{4-9}$$

因为 6LoWPAN 网络一般处于数据量较少的低负载情形，基于 M/G/1 排队系统理论可对基于泊松分布的非饱和网络负载建模，参考文献[6]，可以得到数据传输结束后等待队列为空的概率 q_1 为

$$q_1=\mathrm{e}^{-\lambda T_{\mathrm{service}}}$$

其中，T_{service} 为数据包平均服务时间，表示如下：

$$T_{\mathrm{service}}=\frac{1-S^{m+1}}{1-S}(1-\alpha)(1-\beta)(L+2)+\sum_{i=0}^{m}S^i\sum_{j=0}^{i}\frac{W_j-1}{2}+(2-\alpha)\sum_{i=0}^{m}S^i i+[\alpha+(1-\alpha)\beta]S^m\sum_{j=0}^{m}\left(\frac{W_j-1}{2}+2-\alpha\right) \tag{4-10}$$

q_2 表示节点睡眠一个单位时间后仍没有数据传输的概率，可表示为：$q_2=\mathrm{e}^{-\lambda W_0}$。

根据上述推导的参数分析式，再建立方程组就可以求得相应的参数数值结果。

4.4.2 吞吐量性能分析

网络信道平均吞吐量为成功传输一个数据帧所用的信道时间占总的信道时间的比例。下面参考文献[9]，基于 Markov 链理论对传输信道建模以便描述数据帧的传输周期，网络信道的状态转移图如图 4-11 所示。

信道状态分为四种：F 状态为多个节点同时开始传输数据时信道的冲突状

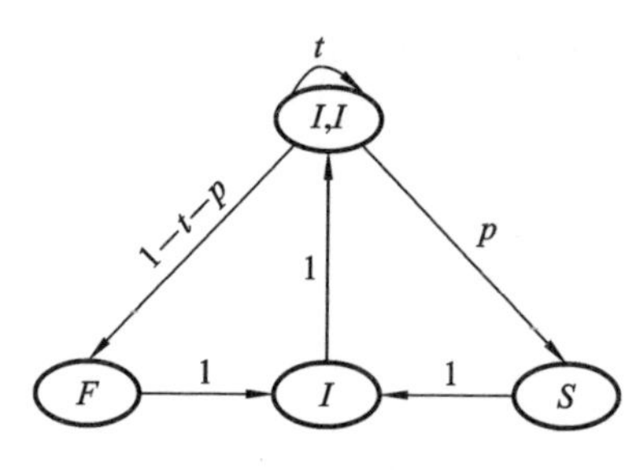

图 4-11　信道模型

态；I 状态表示信道当前没有数据发送；S 状态为数据帧开始传输，转移到此状态的概率为 $p=n\pi_{TX}(1-\pi_{TX})^{n-1}$；$(I,I)$状态表示连续的两个时隙内没有节点使用信道进行数据传送的情形，此状态发生的概率为 $t=(1-\pi_{TX})^n$。信道吞吐量可以表示为

$$T=\frac{\text{成功传输一个数据帧所用的信道时间}}{\text{总的信道时间}} \tag{4-11}$$

通过分析图 4-11 所示的信道模型中的各个状态的稳态概率，网络吞吐量 T 可表示为

$$T=\frac{Lp_S}{Lp_S+Lp_F+p_I\times 1+p_{I,I}\times 1} \tag{4-12}$$

式中：p_S、p_F、p_I和 $p_{I,I}$分别表示数据帧在信道中传输的各个状态的稳态概率，由信道模型的平稳分布可得稳态概率方程组：

$$\begin{cases} p_S=pp_{I,I} \\ p_F=(1-t-p)p_{I,I} \\ p_I=1-p_{I,I}-p_{\text{Success}}-p_I \\ p_{I,I}=tp_{I,I}+p_I \end{cases} \tag{4-13}$$

由线性方程组，可解出网络吞吐量的表达式如下：

$$T=Lp/[1+(1+L)(1-t)] \tag{4-14}$$

为验证本书提出的基于睡眠机制的 6LoWPAN 网络 MAC 协议建模的正确性和有效性，下面采用数学分析的方法对该模型进行分析和评价。网络中的节点假设工作于非饱和负载，在网络层有数据包到来时节点就进行数据传输，否则进入睡眠。设数据包到达速率 λ 为 12～100 包/秒，网络节点数 N 为 100，超帧级数 SO 为 4，信标级数 BO 为 6，最大退避指数 maxBE 值为 5，最小退避指数 minBE 值为 2，信道带宽为 250 Kb/s，退避次数 NB 最大值为 5，CW 为 2，数据包长 L 为 6 slot。

图 4-12 描述了网络负载对信道吞吐量的影响。由图可知，在节点数为 5、25 的情况下，数据包到达速率为 36 包/秒、21 包/秒时，吞吐量达到最大值，此前网

络处于不饱和态。当 λ 很小时，信道吞吐量比较小。随着数据包到达速率的递增，信道吞吐量相应地增加，但是当数据包到达速率达到一定值时吞吐量趋于饱和。这是因为网络处于非饱和态时，增加数据包到达速率对信道吞吐量影响显著，但是当网络饱和后吞吐量就不再受数据包到达速率的影响。另外，图中还说明在相同 λ 的条件下，节点数量越多，信道吞吐量越高。

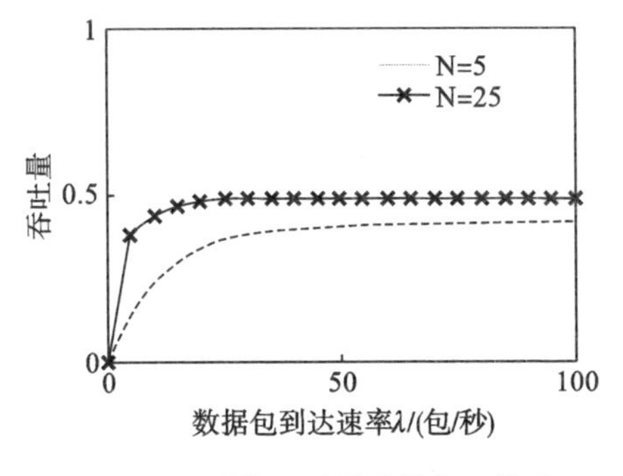

图 4-12　不同 N 时吞吐量与 λ 关系

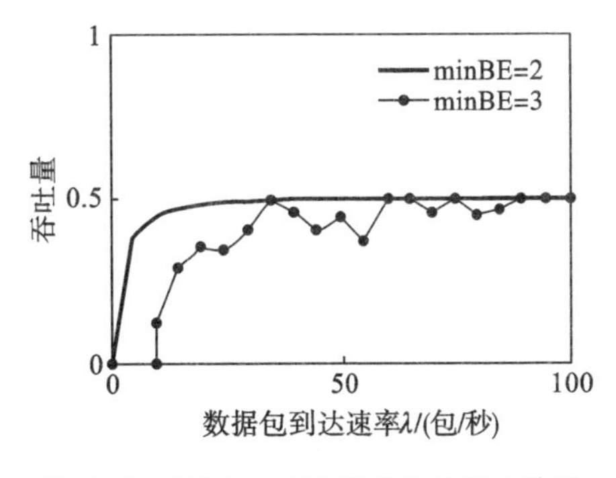

图 4-13　不同 minBE 时吞吐量与 λ 关系

图 4-13 说明在非饱和态时网络的吞吐量随数据包到达速率的增加而递增，一旦网络负载饱和，信道吞吐量也趋于稳定。而且随着数据包到达速率的增加，较小的退避指数能够获得较高的吞吐量，这是因为此时节点退避窗口较小，而且在非饱和负载情形下信道冲突不明显，节点信道接入的概率增大，数据发送量增多，所以吞吐量有了相应的提高。

图 4-14 显示了网络吞吐量随节点数量的变化。从图 4-14 可知，随着节点数量的递增，吞吐量不断增加，直至达到峰值，并且退避指数越小，吞吐量增加得越快。而当峰值过后，节点如果继续增加，信道吞吐量就快速降低，并且退避指数越小，吞吐量降低的速度越快。这是因为信道吞吐量达到饱和之前，退避指数越小，节点退避期越短，吞吐量自然上升较快。当吞吐量饱和之后，节点数量若持续增加，退避指数越大，信道竞争冲突概率相对降低，则吞吐量相应地提高。

图 4-15 显示了在非饱和负载情况下退避次数对吞吐量的影响。可以看出，网络规模较小时，较小的 NB 值可以获得相对高一点的吞吐量。而一旦吞吐量达到饱和值之后，节点数的增加导致网络信道冲突加剧，吞吐量明显呈降低趋势，并且 NB 值越小，吞吐量下降越快。这是因为信道吞吐量达到峰值之后，网络处于饱和态，增加节点只能恶化信道竞争，吞吐量反而持续下降。

通过以上大量的分析工作，说明建立的模型能够很好地反映 6LoWPAN 网络 MAC 协议在启用睡眠态情况下的信道吞吐量变化特性，考虑到各个参数的影响，在适当的网络负载和规模情况下，通过启用超帧睡眠期，并设置合适的退避指数和退避次数初值，可取得较为满意的信道吞吐量性能。研究工作为协议

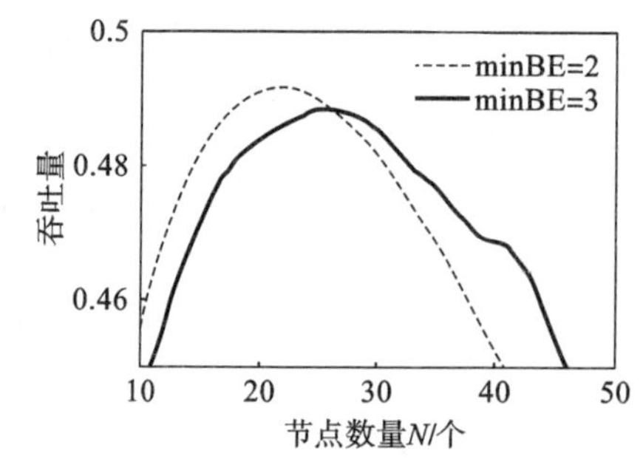

图 4-14 不同 minBE 时吞吐量与 N 关系

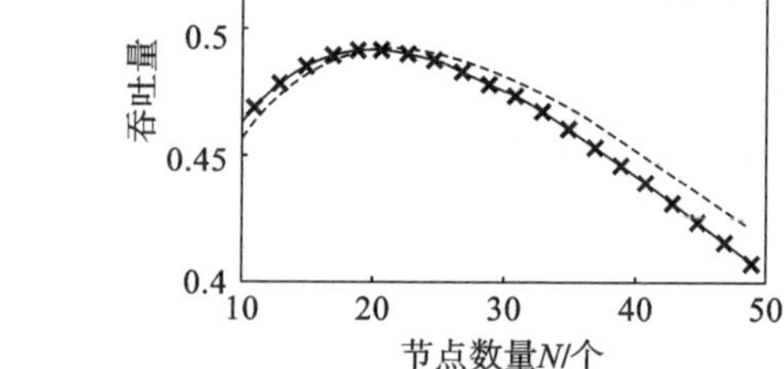

图 4-15 不同 NB 时吞吐量与 N 关系

在具体实践应用中提供参考借鉴。另外，也可以在此基础上进一步对 6LoWPAN 网络进行分析和改进。

针对 6LoWPAN 网络节点在信道竞争中通常不启用睡眠态的现状，分析节点睡眠机制的基础上，提出新的基于非饱和网络负载情况下 MAC 层信道接入机制的 Markov 模型，并通过对信道模型建立了网络吞吐量的分析式。然后分析了数据包到达速率和节点数量等参数对网络吞吐量的性能影响。分析结果对比表明，本模型可以有效地分析 6LoWPAN 网络信道吞吐量。今后需要进一步对特定应用环境下的 6LoWPAN 网络信道竞争机制优化，通过优化建模，改善协议各项性能指标，使其具有更实际的应用。

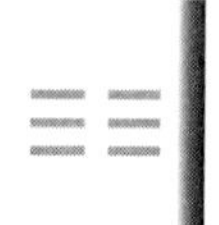

4.5 基于泊松分布的 6LoWPAN 网络节点能耗分析

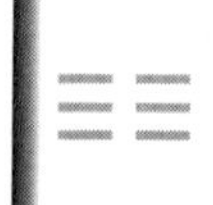

网络能耗问题是 6LoWPAN 网络 MAC 协议设计的重要问题之一。针对 6LoWPAN 网络中负载一般处于非饱和的具体情况，对基于数据包到达速率服从泊松分布的非饱和负载进行数学建模，然后建立 6LoWPAN 网络信道竞争机制的分析模型，并对网络主要参数和性能指标进行数学分析和评价。

假设 6LoWPAN 网络中数据包到达节点过程服从速率为 λ 的泊松分布，则网络处于非饱和负载的情形。此时不同节点间到达过程相对独立，且每个包的服务时间服从均值为 $T_{service}$ 的负指数分布。若节点发送队列长度为 L，节点发送队列中数据帧队列符合排队论中的 M/G/1 队列。依据 M/G/1 队列理论，一次服务结束时队列长度的分布可以由 Pollaczek-Khintchine 公式[6]得到：

$$\sum_{k=0}^{\infty}\pi_k z^k = \frac{(1-\rho)(1-z)T^*(\lambda-\lambda z)}{T^*(\lambda-\lambda z)-z} \tag{4-15}$$

其中，$\rho=\lambda T_{service}$。设定 Pollaczek-Khintchine 公式中 $z=0$，可以得到数据传输结

束后等待队列为空的概率：$1-\lambda T_{\text{service}}$。为了简化计算，由泰勒级数展开式可得没有数据帧发送的概率：$e^{-\lambda T_{\text{service}}}$。

本书只分析6LoWPAN网络MAC协议支持信标使能的工作模式，即各节点通过接收协调器周期性广播的信标帧与协调器保持同步，协议使用超帧进行定时。超帧周期划分为活跃期与非活跃期两个部分。超帧活跃期又被划分为信标帧传输时间、竞争接入期和非竞争接入期。竞争接入期又可分为退避期和数据传输期。本书只研究采用时隙CSMA/CA的竞争接入期。当网络处于非饱和负载的情形时，为了降低网络能耗，延长网络生命周期，可以让6LoWPAN网络中无法进行数据发送任务的节点进入睡眠期。所以，基于超帧结构时隙划分，在超帧内可以允许节点在以下情况进入睡眠态：①竞争接入期内节点若没有数据发送，其可进入睡眠期睡眠；②竞争接入期内若信道冲突节点已尝试退避次数达到最大值仍接入信道失败，则可进入睡眠期；③按照超帧时间分配，竞争接入期结束，节点自然进入睡眠期睡眠。通过上述改进，使得节点尽量节省能耗，延长生命周期，从而改善6LoWPAN网络性能。

4.5.1 节点平均能耗

考虑N个节点构成的星型拓扑网络环境，使用Markov链理论对6LoWPAN网络MAC层信道接入机制进行数学建模，其模型如图4-16所示。

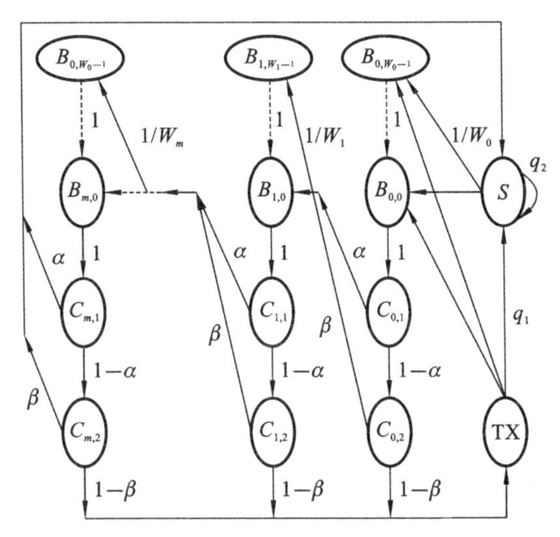

图4-16 6LoWPAN网络信道接入模型

图4-16中，TX表示数据帧发送状态。S表示节点睡眠状态，此时没有数据帧等待发送。$B_{i,k}$表示竞争接入期内退避态(其中$i\in[0,\text{NB}]$，$k\in[0,W_i-1]$，W_i为退避数选择窗口大小)。W_0表示初始退避窗口大小，值为2^{minBE}，而节点下

一次退避时窗口取值 $W_i=W_0 2^i$，其中 $a\text{maxBE}-a\text{minBE}\leqslant i\leqslant a\text{maxBE}$，退避窗口最大值为 2^{maxBE}。$C_{i,1}$ 和 $C_{i,2}$ 分别表示第一次和第二次空闲信道评估状态；α、β 分别为第一次和第二次信道检测结果为繁忙的概率。q_1 表示本次传送完毕没有数据帧发送的概率，即为前述非饱和负载建模结果：$q_1=\mathrm{e}^{-\lambda T_{\text{service}}}$。$q_2$ 表示一个睡眠期后节点仍没有数据发送的概率。由图 4-16 可得节点主要状态间的转移概率为

$$\begin{cases} P\{B_{0,k}\mid \text{TX}\}=(1-q_1)/W_0,k\in(0,W_0-1) \\ P\{B_{0,k}\mid C_{m,1}\}=(1-q_2)\alpha/W_0,k\in(0,W_0-1) \\ P\{B_{0,k}\mid C_{m,2}\}=(1-q_2)\beta/W_0,k\in(0,W_0-1) \\ P\{C_{i,2}\mid C_{i,1}\}=1-\alpha,i\in(0,m) \\ P\{B_{i+1,k}\mid C_{i,1}\}=\alpha/W_i,i\in(0,m),k\in(0,W_i-1) \\ P\{B_{i+1,k}\mid C_{i,2}\}=\beta/W_i,i\in(0,m),k\in(0,W_i-1) \\ P\{\text{TX}\mid C_{i,2}\}=1-\beta,i\in(0,m) \\ P\{B_{0,k}\mid S\}=(1-q_2)/W_0,k\in(0,W_0-1) \end{cases} \tag{4-16}$$

图 4-16 所示的状态切换模型显然存在平稳分布。由马尔科夫链的相关性质可得到模型中的主要状态的稳态概率和相应的总稳态概率分别如下[8]：

$$\begin{cases} \pi_{B_{i,0}}=\pi_{B_{i-1,0}}[\alpha+(1-\alpha)\beta]=\pi_{B_{0,0}}S^i,S=\alpha+\beta-\alpha\beta \\ \pi_{B_{i,k}}=\dfrac{(W_i-k)}{W_i}\pi_{B_{i,0}},i\in(0,m),k\in(0,W_i-1) \\ \pi_{C_{m,1}}=\pi_{B_{0,0}}S^m \\ \pi_{C_{m,2}}=(1-\alpha)\pi_{C_{m,1}}=(1-\alpha)\pi_{B_{0,0}}S^m \\ \pi_S=[q_1(1-S^{m+1})\pi_{B_{0,0}}+\alpha\pi_{B_{0,0}}S^m+\beta(1-\alpha)\pi_{B_{0,0}}S^m]/(1-q_2) \\ \sum\limits_{i=0}^{m}\pi_{B_{i,0}}=\pi_{B_{0,0}}(1-S^{m+1})/(1-S) \\ \sum\limits_{i=0}^{m}\pi_{C_{i,1}}=\pi_{B_{0,0}}(1-S^{m+1})/(1-S)=t \\ \sum\limits_{i=0}^{m}\pi_{C_{i,2}}=(1-\alpha)\sum\limits_{i=0}^{m}\pi_{C_{i,1}}=\dfrac{(1-S^{m+1})(1-\alpha)}{1-S}\pi_{B_{0,0}} \\ \pi_{\text{TX}}=(1-\beta)\sum\limits_{i=0}^{m}\pi_{C_{i,2}}=(1-S^{m+1})\pi_{B_{0,0}} \\ \sum\limits_{i=0}^{m}\sum\limits_{k=1}^{W_i-1}\pi_{B_{i,k}}=\dfrac{1}{2}\Big[W_0 2^{\text{maxBE}-\text{minBE}}\dfrac{S^{\text{maxBE}-\text{minBE}+1}-S^{\text{NB}}}{1-S} \\ \qquad +W_0\dfrac{1-(2S)^{\text{maxBE}-\text{minBE}+1}}{1-2S}-\dfrac{1-S^{\text{NB}+1}}{1-S}\Big]B_{0,0} \end{cases} \tag{4-17}$$

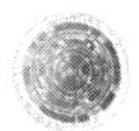

图 4-16 中所有状态的稳态概率之和为 1,得到:

$$\pi_S + \sum_{i=0}^{L-1}\pi_T + \sum_{i=0}^{m}\pi_{C_{i,1}} + \sum_{i=0}^{m}\pi_{C_{i,2}} + \sum_{i=0}^{m}\sum_{k=0}^{W_i-1}\pi_{BO_{i,k}} = 1 \tag{4-18}$$

由式(4-17)中的前 3 个公式的分析推导,得到退避状态 B_{00} 的稳态概率为

$$B_{0,0}=1/\left\{[q_1(1-S^{m+1})+\alpha S^{m+1}+\beta(1-\alpha)S^m]/(1-q_2)+L(1-S^{m+1})\right.$$
$$+\frac{1-S^{m+1}}{1-S}+\frac{(1-S^{m+1})(1-\alpha)}{1-S}+\frac{1}{2}\left[W_0 2^{\mathrm{maxBE}-\mathrm{minBE}}\frac{S^{\mathrm{maxBE}-\mathrm{minBE}+1}-S^{\mathrm{NB}}}{1-S}\right.$$
$$\left.\left.+W_0\frac{1-(2S)^{\mathrm{maxBE}-\mathrm{minBE}+1}}{1-2S}-\frac{1-S^{m+1}}{1-S}\right]\right\} \tag{4-19}$$

另外,模型中的 α 表示网络中除某节点外其余的 $N-1$ 个节点中至少有一个节点信道检测为空闲并且已经传输一个数据帧的概率,可表示如下:

$$\alpha=L(1-[1-t]^{n-1})(1-\alpha)(1-\beta) \tag{4-20}$$

β 表示某节点第一次检测信道为空闲的情况下第二次检测信道为忙的概率,即网络中其余的 $N-1$ 个节点中至少有一个节点信道检测为空闲并开始传输数据帧,可表示为

$$\beta=[1-(1-t)^{n-1}]/[2-(1-t)^{n-1}] \tag{4-21}$$

模型中 q_2 表示节点在一个睡眠期后没有数据发送的概率,可表示为:$q_2=e^{-\lambda W_0}$。另外,基于 6LoWPAN 网络处于非饱和负载工作状态,参考文献[7]的分析过程,可以得到数据包服务时间 T_{service} 的表达式如下:

$$T_{\mathrm{service}} = \frac{1-S^{m+1}}{1-S}(1-\alpha)(1-\beta)(L+2)+\sum_{i=0}^{m}S^i\sum_{j=0}^{i}\frac{W_j-1}{2}$$
$$+(2-\alpha)\sum_{i=0}^{m}S^i i+[\alpha+(1-\alpha)\beta]S^m\sum_{j=0}^{m}\left(\frac{W_j-1}{2}+2-\alpha\right) \tag{4-22}$$

基于上述建立的分析模型,可以研究 6LoWPAN 网络节点在超帧周期内的平均能耗性能。网络节点运行时间分为以下部分:接收信标帧时间、活跃期和非活跃睡眠期。其中活跃期又分为退避、CCA、数据传输和睡眠四个状态。另外,活跃期内节点从睡眠状态切换至活跃状态所需的切换时间 T_{si} 为 3.6 slot 其他状态间的切换时间忽略,则网络节点平均能耗表示如下:

$$Y_{\text{average}} = \frac{T_{\text{beacon}}}{\text{BI}}P_{\text{receive}} + \frac{\text{SD}}{\text{BI}}\Big[\pi_S P_{\text{sleep}} + \sum_{i=0}^{m}\sum_{k=0}^{W_i-1}\pi_{B_{i,k}}P_{\text{idle}} + \Big(\sum_{i=0}^{m}\pi_{C_{i,1}} + \sum_{i=0}^{m}\pi_{C_{i,2}}\Big)P_{\text{receive}} + L\pi_{\text{TX}}P_{\text{trans}}\Big] + \frac{\text{BI} - T_{\text{beacon}} - \text{SD} - T_{\text{si}}}{\text{BI}}P_{\text{sleep}} + \frac{T_{\text{si}}}{\text{BI}}P_{\text{idle}} \tag{4-23}$$

式(4-23)中,第一部分为接收信标帧的能耗。第二部分为活跃期能耗,它又分为退避、CCA、数据帧传输和睡眠等状态能耗。为便于计算,节点的空闲、休眠、CCA 和数据帧传输的四个状态的能量消耗分别以 P_{idle}、P_{sleep}、P_{receive} 和 P_{trans} 作为状态功耗进行计算。第三部分为非活跃期能耗,耗时为 $\text{BI}-T_{\text{beacon}}-\text{SD}-T_{\text{si}}$ 个时隙。第四部分为状态转化能耗。

4.5.2 网络能耗和协议性能评估

为验证本书提出的模型的正确性和有效性,下面采用数学分析的方法对该模型进行分析和评价。网络部署为单跳星型拓扑网络,仅有一个协调节点,其余的 $N-1$ 个 RFD 节点均在通信范围之内。在非饱和负载情况下,有数据包到来时节点就进行信道监测并尽力传送,否则节点进入睡眠以便节能。节点的可能的工作状态为空闲、发送、接收和睡眠,相应状态的功耗根据低功耗芯片 ChipconCC2420 的测定结果而设置:$P_{\text{idle}}=712\ \mu\text{W}$,$P_{\text{trans}}=31.32\ \text{mW}$,$P_{\text{receive}}=35.28\ \text{mW}$,$P_{\text{sleep}}=144\ \text{nW}$[9]。设网络层发送的数据包载荷为 100 字节,信标级数 BO 为 6,超帧级数 SO 为 4,数据包到达速率 λ 为 1~100 包/秒。MAC 帧头长 13 字节,PHY 帧头长 6 字节,信道带宽为 250 Kb/s。协议参数 NB 最大值为 5,CW 为 2,最大退避指数值为 5,最小退避指数值为 2,数据包长为 6 slot,超帧时隙为 0.32 ms。

图 4-17 所示的为在超帧活跃期内节点适时进入睡眠态稳态概率分析结果。从图 4-17 可以看出,随着网络数据包到达速率的增加,节点进入睡眠态的稳态概率逐渐降低。这是因为此时网络数据包传输任务增多,节点都处于数据传输态或退避态而较少睡眠。而且最小退避指数 minBE 越小时,节点睡眠态的稳态概率相对较高,这是因为退避窗口值小时信道竞争冲突概率相应增大,节点信道检测失败概率也越大,从而节点从活跃期进入睡眠态的概率增大。

图 4-18 所示的为节点首次信道检测的概率分析结果。从图 4-18 可以看出,当网络负载较小时,较大的退避指数初值能够获得较高的节点首次信道检测概率,这是因为退避指数比较大时,节点初始退避窗口值较大,这样节点每次的退避期时间较大,节点竞争信道冲突降低,则节点进行信道检测的机会增大。相

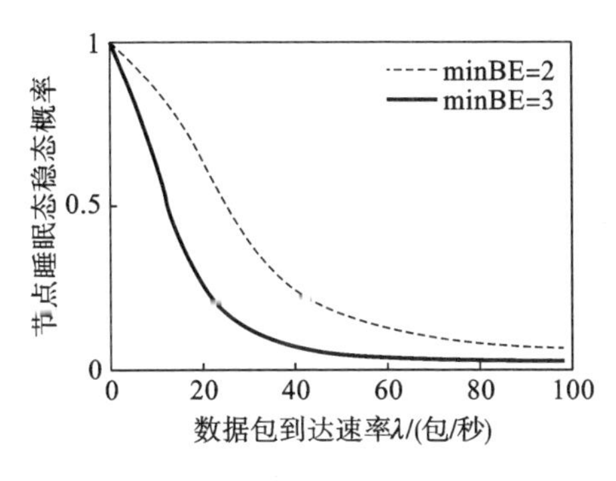

图 4-17　节点睡眠态稳态概率

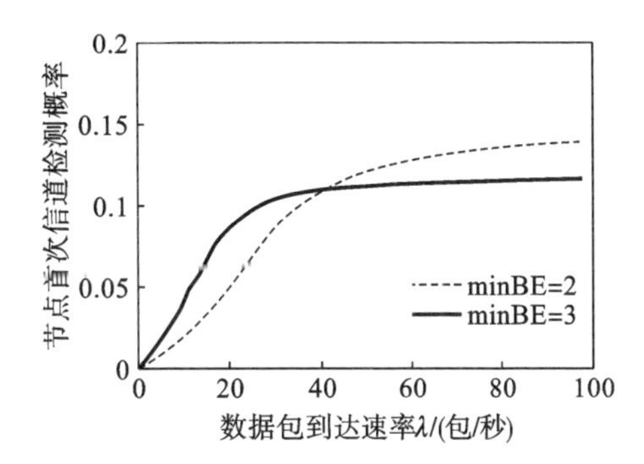

图 4-18　首次信道检测概率

反，一旦网络负载加重之后，较小的退避指数能够获得较高的节点首次信道检测概率，但增幅较小。这是因为节点初始退避窗口值较小，节点每次的退避期时间缩短，在负载加重的情况下总体上加大了网络每个节点的信道检测的机会。

图 4-19 描述了网络中数据包平均服务时间相对数据包到达速率的变化。从图 4-19 可以看出，数据包平均服务时间随着数据包到达速率的增加而逐渐增大，这是因为网络负载加大后信道冲突加剧，网络节点平均退避的时间延长，从而导致数据包平均服务时间增大。另外，分析结果说明退避次数越小，数据包平均服务时间显著减少。这是因为较小的退避次数能减少数据包的等待信道空闲时间，从而对数据包服务时间影响较大。

下面基于上述建模对基于非饱和负载的节点能耗进行分析，并研究主要协议参数对节点平均能耗的影响。图 4-20 所示的为饱和和非饱和负载情形下节点在一个超帧时间内的平均功率消耗对比。从图 4-20 可以看出，节点在饱和负载情形下的平均功率消耗明显偏高，且在小型网络中，节点数对网络节点能耗的影响较小。

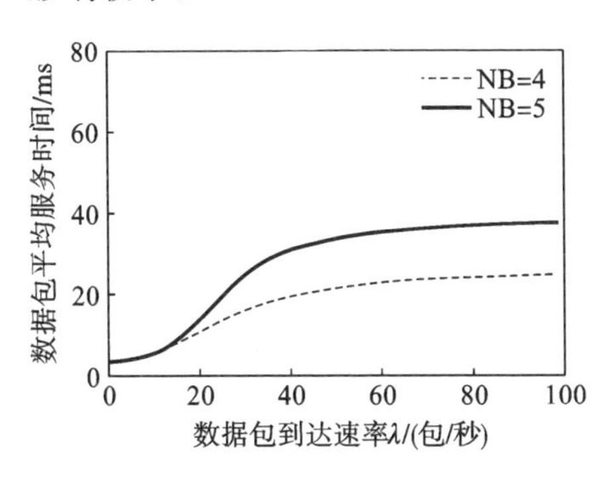

图 4-19　数据包平均服务时间

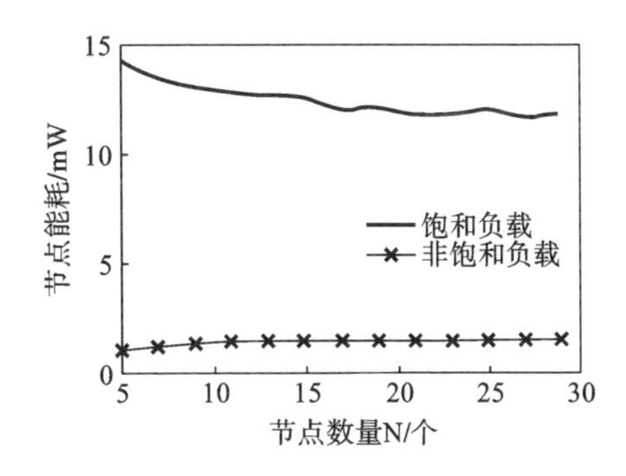

图 4-20　节点平均能耗对比

图 4-21 和图 4-22 描述了网络负载对节点平均能耗的影响。从图 4-21 可以

看出，随着网络数据包到达速率的递增，节点平均能耗相应地增加，但是一旦负载饱和之后节点平均能耗增幅不大，这是因为随着负载增大时，信道冲突慢慢加剧，节点在信道竞争中消耗的能量逐渐增多，且低负载时较小的退避指数值会带来较少的能耗开销。这是因为较小的退避指数导致网络节点退避等待时间减少，而低负载时信道冲突较小，节点成功接入信道概率加大，节点能量浪费相应减少。而当负载严重加剧之后，较大的数据包到达率使得未接入信道暂未完成数据包发送任务的节点适时进入了睡眠态，从而有效地节省了电量，节点平均能耗增加不明显，且较小的退避指数值会带来较大的能耗开销。这是因为较小的退避指数导致网络节点退避等待时间减少，从而导致网络信道竞争冲突加剧，节点能量开销更多。

图 4-22 描述了信标指数 BO 对节点平均能耗的影响。从图 4-22 可以看出，信标指数越大，节点的平均能耗越低。这是因为在超帧指数 SO 固定的情况下，较大的信标指数将形成更长的睡眠期，使得网络中竞争失败的节点在睡眠期持续时间更长，降低了功耗，也使得信道竞争的冲突概率大大降低，避免整个网络的能耗浪费。

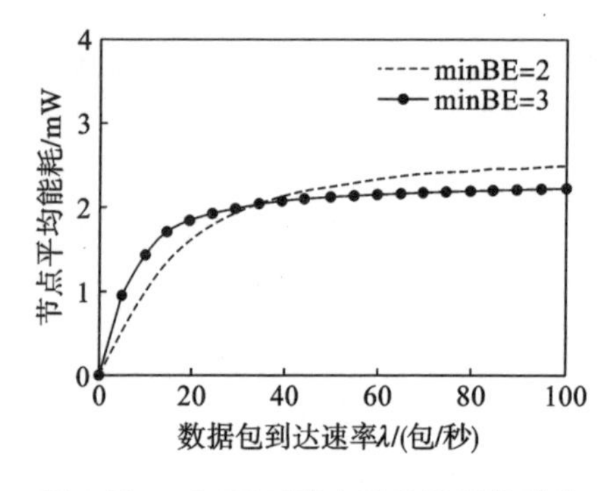

图 4-21　minBE 对节点平均能耗的影响

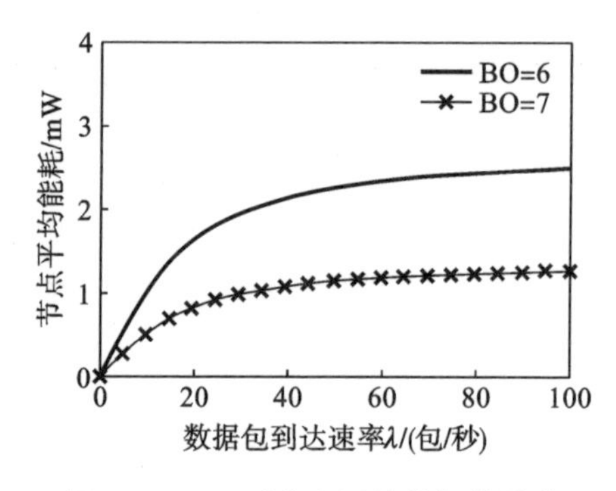

图 4-22　BO 对节点平均能耗的影响

通过上述的研究工作，说明改进的信道竞争接入模型较好地描述了 6LoWPAN 网络 MAC 协议在非饱和负载情况下的能耗性能特性，为协议的应用和实践提供理论指导，也能够使用该模型来对 6LoWPAN 网络性能进行进一步的研究与改进。

第5章 无线传感器网络路由协议概述

5.1 无线传感器网络路由协议设计要求

对无线传感器网络系统的特点进行分析是进行路由协议设计的必需条件。无线传感器网络中，网络数据传输的最大特点是具有明显的方向性。为了实现网络中信息数据的采集，无线传感器网络业务主要发生在数据汇聚节点 sink 和网内其他传感器节点之间，包括汇聚节点 sink 到传感器节点的下行业务（如指令查询下达）和传感器节点到汇聚节点的上行业务（数据信息的返传）。除此之外还有传感器网络节点之间的横向业务的执行，主要是网络中的控制信息和网络内信息处理所需要的信息。无线传感器网络的一个基本原则就是以大量低成本节点组建网络，通过节点之间的合作获得高精度、高速度、高可靠性和高鲁棒性的协议来更好地完成信息采集、传递和处理数据。单个传感器的能量约束和不可靠性是无线传感器网络固有的，将对协议设计产生比较大的影响。

无线传感器网络通常密集部署有大量节点，节点数量成千上万，同时节点的密度相当高，这些使得协议的可扩展性要求相应提高。而大部分的无线传感器网络中节点并不移动，造成网络拓扑变化的主要原因是节点的不可靠性，以及非对称链路。无线传感器网络的设计理念往往是以数据为中心的，不是以地址为中心的，用户也只关心得到的是什么样的数据而不关心数据是从哪里得到的该信息。对于节点的地址分配，一般情况下由于地址表维护的花销，没必要为每个节点分配一个唯一的地址，节点表述信息产生的时间、地点和内容就足够，有时候还可以用 ID 代替位置。根据应用的不同,无线传感器网络中的各个传感器节点感应的原始数据可能存在冗余,在满足信息采集要求的条件下,可以在数据的传输过程中对原始数据进行数据融合之类的处理,从而减少信息传递量,降低能量消耗。无线传感器网络的主要业务是把感应到的数据消息传输给汇聚节点或者从汇聚节点下达查询命令给某个节点,这就是无线传感器网络的多对一和一对多模式。为了支持这两种通信模式,无线传感器网络中有很多建立具有树状结构的路由协议。从业务模式的角度来说,数据融合策略又包括基于查询的信息报告模式、基于事件触发的信息报告模式、基于时钟驱动型的信息报告模式、混合模式等。

此外,无线传感器网络的性能指标直接影响到无线传感器网络的通信质量,如何有效地评价一个无线传感器网络的性能?无线传感器网络的优化指标是什么?应该达到一个怎样的效果?这都是需要首先考虑和研究的问题。根据无线传感器网络的特点,总结出在设计路由协议时必须涉及的性能指标主要有以下几项。

(1) 能量有效性。能量有效性是无线传感器网络中最重要的性能指标,不管是无线传感器网络的硬件设计还是软件开发,都要首先考虑能量有效性的问题。从无线传感器网络路由协议设计的角度来分析,能量的有效性可以包括两个方面:节能和能耗均衡。前者着重于寻找最短或者最优路径,减少路由建立和维护的控制开销,传输过程中尽可能地减少数据量,提高路由过程的寿命;而后者则更看重从空间上调度能量资源,使网络中的节点能量以几乎平均的速度消耗,以免某个节点过早失效,出现“盲点”。

节点不同单元的能量消耗情况如图 5-1 所示,可以看到无线传感器网络节点的各个单元中,无线通信是能量消耗的主要因素。因此,如何消耗最少的能量,满足网络通信的需要,是协议首要考虑的问题。在无线传感器网络中,当节点没有通信需求时,往往会关闭通信单元,让节点处于休眠状态,以节省能量,当有信息需要发送时,再唤醒节点。但这种休眠和苏醒交替工作的机制,更增加了节点相互通信的难度,对通信协议的设计提出了更高的要求。

(2) 数据传输的可靠性和容错性。数据传输的可靠性和容错性直接影响到无线传感器网络是否能给用户提供准确、全面、可靠的数据信息,而无线传感器网络中节点无线通信能力弱,应用环境恶劣,实际的链路质量低,所以保证数据传输的可靠性和容错性是无线传感器网络路由协议设计的一个关键问题。无线传感器网络中影响数据传输可靠性的原因一般有以下几种:节点故障使得路由断开,导致分组数据丢失;无线信道上消息的堵塞、碰撞导致分组无法正确发送和接收;传感器节点链路不可靠,导致分组传输的数据出错或者丢失。路由协议的解决办法则包括:选择可靠链路;建立多路径路由,以作备份;使用多条路径发

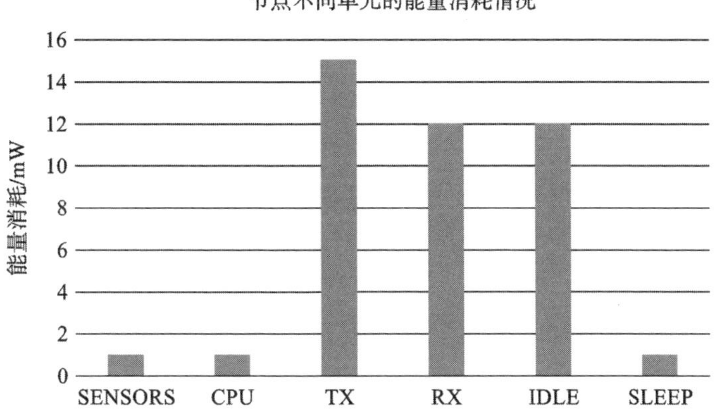

图 5-1　传感器节点的能量消耗情况

送原始数据消息的多个副本，即使其中的部分数据在传输过程中丢失也不会影响到数据最终结果的可靠性。

（3）可扩展性。无线传感器网络多用于大规模的场景，相应地对网络的可扩展性就有较高的要求。无线传感器网络的可扩展程度表现在感知精度、节点数量、覆盖范围、网络寿命等方面。良好的可扩展性一般是指网络的各项性能不会随着网络中节点的数量增加而有明显下降的性质。目前为保证这一性质而研究的策略主要有：分层路由，将网络分为两层甚至多层，即高一层的簇首和低一层的簇成员，簇首作为局部控制中心负责簇内节点数据的接收、融合和转发；地理路由，体现了节点之间相对拓扑关系，利用这一信息路由能最大限度地降低用于收集和维护拓扑信息的开销，提高协议的可扩展性。

（4）时延性。各种应用场合对网络时延要求的程度不同。一般来说，周期性数据采集系统只需规律性地监测数据，对时延的敏感度较低，而紧急事件（如森林火灾监测）和目标跟踪事件属于应急范畴，需要在短时间内将数据报告给用户用于处理紧急情况，对延迟性要求就比较高。无线传感器网络是一个面向应用的网络，不同的应用对吞吐量和时延有不同的要求，高的网络吞吐量和低的网络时延是网络协议性能优良的重要指标，但这两个指标与能量消耗往往存在矛盾，如何在二者之间取得最佳的平衡，是协议设计需要解决的关键问题。

（5）安全性。安全性对军事应用类或者保密程度要求高的无线传感器网络来说是生命线，要谨防监测数据的泄露和被盗。对于一般的民用系统，没必要像军事系统一样，对安全性要求极高，但是也需要具备一定的安全性要求，否则像拒绝服务等简单的攻击方式都抵抗不了，会造成整个网络系统的瘫痪。又因为传统的网络安全解决方案计算量大、存储和通信资源丰富，不适合于无线传感器网络的情况，这就要求我们需要为无线传感器网路量身定做新的安全保障机制。

综上所述，以上指标涉及无线传感器网络中软、硬件的各个方面，各指标又是相互影响且此消彼长的，在针对应用范围对路由协议设计时，必须结合具体的细节需求、综合权衡进行有侧重点的设计。

5.2 能耗模型

传感器节点的无线通信范围与无线电发送设备的发射信号强度、周围环境、干扰情况等有关，一般将节点的通信区域抽象为单位圆盘图 UDG（unit disk graph）[16]，半径为节点的最大无线传输距离。本书认为传感器节点的发送信号强度是各向同性的，忽略各区域间由干扰造成的差异，这个假设也是符合实际情况的。

网络数据采集和通信主要是在传感器节点之间进行的，传感器节点之间依靠 RF 信号进行无线通信，发送数据包的能耗包括发射电路能耗和放大电路能耗两部分，传感器节点能耗模型如图 5-2 所示。

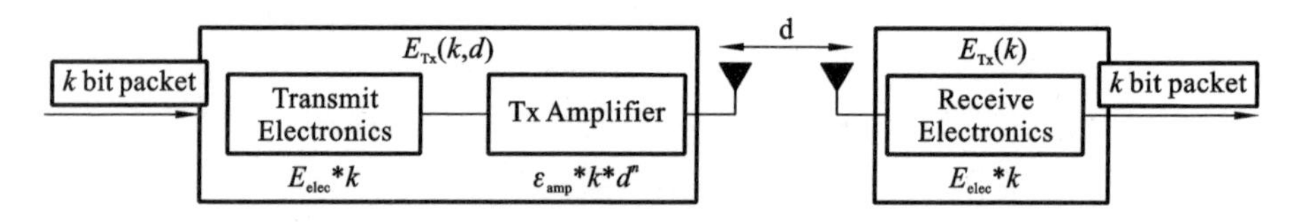

图 5-2　传感器节点能耗模型

由无线通信的传输模型可知，两个节点间的无线通信能量消耗主要由它们之间的距离决定，通常包括两种通信模式，即自由空间信道模式和多径衰减信道模式。自由空间信道模式通常通信距离比较短，信号传输能量损失与距离的平方成正比；多径衰减信道模式通信距离较长，信号衰减与通信距离的四次方成正比。

选择哪种衰减模式由通信距离 d 与阈值 d_0（一般是由无线通信的一些具体参数决定的常数）的关系来决定：若 $d<d_0$，则采用自由空间信道模式；否则，采用多径衰减信道模式。假设节点将长度为 l 的数据包发送至距离为 d 处的节点，则能耗计算为

$$E_{\mathrm{Tx}}(l,d)=E_{\mathrm{Tx-elec}}(l)+E_{\mathrm{Tx-amp}}(l,d)=\begin{cases}(E_{\mathrm{elec}}+\varepsilon_{\mathrm{fs}}d^2)l, d<d_0\\(E_{\mathrm{elec}}+\varepsilon_{\mathrm{amp}}d^4)l, d\geqslant d_0\end{cases} \tag{5-1}$$

式中：E_{elec} 为发送或者接收电路接收单位比特数据时的能量消耗，主要由电路的调制解调方式、数字滤波以及编码形式等因素决定；$\varepsilon_{\mathrm{fs}}$ 和 $\varepsilon_{\mathrm{amp}}$ 为射频通信放大器

能耗参数，为其放大单位比特数据时的能量消耗，分别代表自由空间信道模式和多径衰减信道模式两种状态。根据上面的参数定义，阈值 d_0 则可按下式计算：

$$d_0=\sqrt{\frac{\varepsilon_{fs}}{\varepsilon_{amp}}} \tag{5-2}$$

能量效率是无线传感器网络最关心的问题，从上面的能量消耗模型可以看出，在实际工作中要合理限制发送节点和接收节点之间的通信距离，尽可能地使通信处于自由空间信道模式。当节点接收数据包时，只有接收电路工作，节点接收长度为 l 的数据包的能耗为

$$E_{Rx}(l)=lE_{elec} \tag{5-3}$$

该模型中，认为每个节点都有数据融合的能力，这个假设和实际应用并不冲突。如果用 E_{DA} 表示融合单位比特数据所需要的能量，那么将 n 个长度为 l 的数据包融合成一个长度为 l 的数据包所消耗的能量可按下式计算：

$$E_{Agre}=nlE_{DA} \tag{5-4}$$

最后一块能量消耗就是传感器节点用于感知信息所消耗的能量，主要由传感器模块、ADC 以及部分数据处理辅助电路决定。设 E_{SE} 为采集和处理单位比特数据的能耗，则采集长度为 l 的感知数据所需能耗为

$$E_{sens}(l)=lE_{SE} \tag{5-5}$$

无线传感器网络的生命周期和网络能耗直接相关，是衡量网络性能的一个最重要性能指标，一般是以节点的死亡和覆盖连通来定义的，因此放在节点特性里面进行说明。由于多采用随机抛撒的方式布置，造成无线传感器网络环境的不确定性和复杂性，如冗余布置或者稀疏布置节点的网络，因此无线传感器网络强调对感知区域的有效覆盖和连通，这些因素也就造成了无线传感器网络生命周期的定义与一般的网络不一样。另一方面，不同的应用目标对网络的要求也存在着巨大差异，比如在环境温度的检测中，出现小的覆盖盲区是可以接受的；但是在诸如火灾监测的应用中，出现盲区是不允许的。正是由于这些原因，目前对于网络生命周期并没普遍适用的定义，综合现有的文献，大致有如下几种衡量方法[19][20]，如表 5-1 所示。

表 5-1　主要分类指标相关定义

分类	具体定义
节点失效	以网络中首个节点耗尽能量的时刻计算生命周期
	以存活节点占节点总数的比例降至某一阈值的时刻计算生命周期
	以最后一个节点耗尽能量的时刻作为网络生命周期
网络覆盖	以任务区域首次出现覆盖盲区的时刻计算生存时间

续表

分类	具体定义
数据传输	以报文送达率降至某一阈值的时刻计算生存时间
	以存活数据流占总数据流的比例降至某一阈值的时刻计算生存时间

在本书中，将选用节点失效为网络生命周期的主要判别依据，其具体定义如下：

（1）以网络中首个节点耗尽（first node dies，FND）能量的时刻计算生命周期。

这种定义适合于稀疏布置的无线传感器网络，如果某一个节点失效，就会因出现覆盖盲区而对网络的性能产生重大影响。比如在入侵检测网络中，单个节点的失效就有可能造成网络的失效。这种定义标准与应用无关，通用性较好，使用范围最广，但不能反映网络节点冗余度较大的情况。

（2）以存活节点占节点总数的比例（percentage of nodes alive，PNA）降至某一阈值的时刻计算生命周期。当网络中的存活节点比例低于某一个预定义的阈值的时候，认为网络开始失效，这种定义比较适合于节点大量冗余布置的无线传感器网络。在许多应用中，为了延长网络生存时间和均衡网络能耗，往往通过冗余布置大量节点，通过休眠调度机制来达到此目的，而此时以 PNA 来衡量网络的生命周期更为合理。

（3）以最后一个节点耗尽（last node dies，LND）能量的时刻计算网络生命周期。这种方式通过网络中最后一个节点失效的时刻作为网络的生命周期，虽然这种标准也可以用来衡量网络的生命周期，但是在无线传感器网络中没有多少实用价值。

5.3 无线传感器网络路由协议分类

由于无线传感器网络路由协议是面向应用的，对于不同的网络应用环境，研究者提出了大量的路由协议。所以下面对路由协议进行整理分类。

（1）根据拓扑结构可分为平面路由协议和分簇路由协议。平面路由协议一般节点对等、功能相同，结构简单，维护容易，但是它仅适合规模小的网络，不能对网络资源进行优化管理。而分簇路由协议节点功能不同，各司其职，网络的扩展性好，适合较大规模的网络。

（2）根据路径的多少可分为单路径路由协议和多路径路由协议。单路径路

由协议是将数据沿一条不同的路径传递,数据通道少、消耗低,但容易造成丢包且错误率高。多路径路由协议是将单个数据分成若干组沿多条路径进行传递,即便有一条路径报废数据也会经由其他路径传递,可靠性较好,但重复率高、能量消耗大,适合对传输可靠性要求较高且初始能量高的应用场合。

(3) 根据通信模式可分为时钟驱动型、事件驱动型和查询驱动型。时钟驱动型是传感器节点周期性地、主动地把采集到的数据信息报告给汇聚节点,如环境监测类的无线传感器网络。事件驱动型是传感器节点感应到数据后进行判断,若超过事先设定的阈值,则认为触发了某种事件,需要立即传送数据给汇聚节点,如用于预警的无线传感器网络。在查询驱动型路由协议中,仅当传感器节点收到用户感兴趣的查询时,传感器节点才往汇聚节点发送数据。

(4) 根据目的节点的个数可分为单播路由协议和多播路由协议。单播路由协议只有一个发送方和一个目的节点。多播路由协议有多个目的节点,节点采集到的数据信息并行地以多播树方式进行传播,在树的分叉处复制和转发数据包。多播路由协议里数据包发送次数变少,网络带宽的使用效率提高。

(5) 根据是否进行数据融合可分为融合路由协议和非融合路由协议。如果在数据传输过程中,根据预先制定的规则对多个数据包的相关信息进行合并和压缩,就属于数据融合路由协议,这类协议降低数据冗余度,减少网络通信量,节省能量消耗,但是会相应地增加传输的时延。非融合路由协议则在传递过程中,不做任何处理,传递量大,消耗能量,甚至引起“拥堵”。在对当前无线传感器网络路由协议进行系统研究后,选取当前几种典型的路由协议,对它们的路由机制和优缺点进行了分析和比较,以下从平面路由协议和分簇路由协议角度来进行介绍。

5.3.1 平面路由协议

典型的平面路由协议有以下几种。

(1) Flooding 泛洪路由协议和 Gossiping 闲聊路由协议。

Flooding 泛洪路由协议是一种传统的网络路由协议,网络中各节点不需要掌握网络拓扑结构和计算的路由算法。节点接收感应消息后,以广播的形式向所有邻居节点转发消息,直到包含消息的数据包到达目的节点或预先设定的生命期限变为零为止或到所有节点拥有数据副本为止。泛洪路由协议实现起来简单、健壮性也高,而且时延短、路径容错能力高,可以作为衡量标准去评价其他路由算法,但是很容易出现消息“内爆”、盲目使用资源和消息重叠的情况,消息传输量大,加之能量浪费严重,泛洪路由协议很少直接使用。至于 Gossiping 闲聊路由协议,它是对泛洪路由协议的改进,节点在收到感应数据后不是采用广播形式而是随机选择一个节点进行转发，这样就避免了消息的内爆，但是随机选取节点会造成路径质量的良莠不齐，增加了数据传输时延，并且无法解决资源盲目利用和消息重叠的问题。

(2) SPIN(sensor protocol for information via negotiation)路由协议。

SPIN路由协议是第一个以数据为中心的自适应路由协议，针对泛洪算法中的“内爆”和“重叠”问题，它通过协商机制来解决。由于元数据小于采集到的整个数据，能量消耗比较少，所以节点间通过发送元数据(meta-data，即描述传感器节点采集的数据属性的数据)，而不是采集的整个数据进行协商。而且传感器节点监控各自能量的变化，若能量处于低水平状态，则必须中断操作转而充当路由器的角色，所以在一定程度上避免了资源的盲目使用。但在传输新数据的过程中，没有考虑到邻居节点由于自身能量的限制，只直接向邻近节点广播ADV数据包，不转发任何新数据，如果新数据无法传输，就会出现“数据盲点”，影响整个网络数据包信息的收集。SPIN中有3种数据包类型：ADV、REQ和DATA，如图5-3所示。

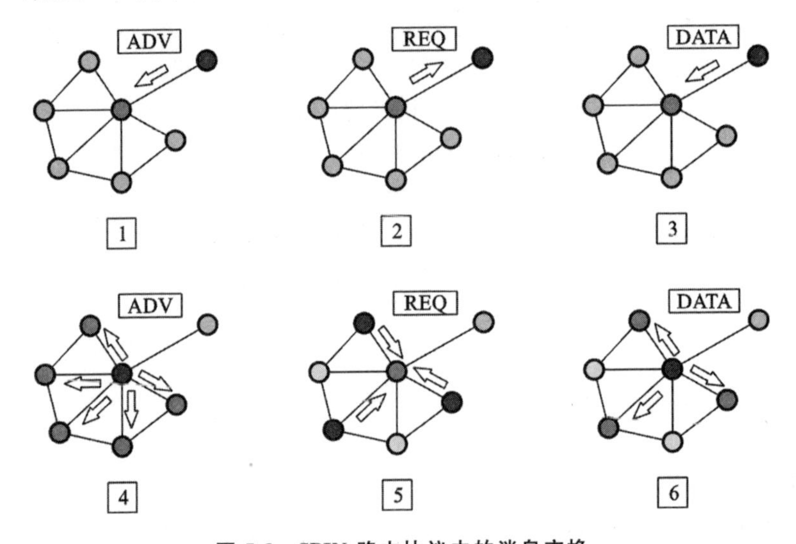

图5-3 SPIN路由协议中的消息交换

ADV：用于新数据传播前的广播，即当一个节点要发送一个数据前，它可以用ADV数据包(包括元数据)对其他节点告知；REQ：用于请求节点发送数据，当节点希望接收DATA数据包时，需发送REQ数据包告知能够发出数据的节点；DATA：包括节点采集到的数据或元数据。SPIN路由协议有4种不同的形式：SPIN-PP (sensor protocol for information via negotiation for point-to-point media)采用点到点的通信模式，并认为两节点功率也没有任何限制，它们之间的通信不受其他节点的干扰，分组无丢失；SPIN-EC是在SPIN-PP的基础上考虑

到节点的功耗，能量不低于预先设定的阈值，但又能完成所有任务的节点才有资格参与数据包的交换；SPIN-BC 设计了一个广播信道，使所有位于有效半径内的节点能同时完成数据包交换，节点在接收到 ADV 消息后，设定一个随机定时器来控制管理 REQ 请求的发送，其他节点收到该请求就主动放弃请求的权利，这样就防止产生重复的 REQ；SPIN-RL 是对 SPIN-BC 的改善，主要针对无线链路怎样恢复所导致的分组差错和丢失，及时记录 ADV 消息的状态，如果在确定的时间间隔内接收不到请求的消息，就要求重新发送请求，但是次数是有限的，超过一定次数，视为无效。

(3) MTE(minimum transmission energy)路由协议。

在 MIE 路由协议中，节点选择距离自己平面距离最近的节点进行路由。当且仅当满足以下公式时，节点 A 会选择节点 B 转发自己的数据到节点 C，如图 5-4 所示。

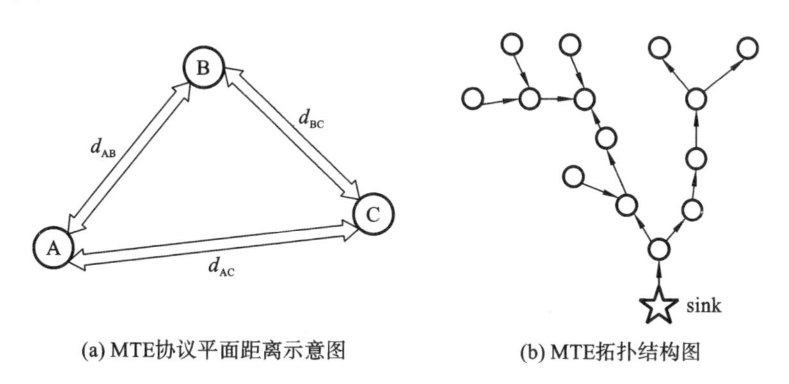

图 5-4　MTE 路由协议原理示意图

MTE 路由协议具有结构简单、开销小的特点，每个节点发送数据给通往目的节点的下一跳节点。这样靠近 sink 节点的传感器节点需要承担路由器的工作，容易造成远离目的节点的节点负载轻，靠近目的节点的节点负载过重，这部分传感器节点会很快耗尽能量而“死亡”，缩短了整个网络的生命周期。

(4) DD(directed diffusion)定向扩展路由协议。

DD 路由协议是多用于查询的扩散路由协议，与其他路由协议相比，最大特点就是引入梯度的理念，表明网络节点在该方向的深入搜索，来获得匹配数据的概率。它以数据为中心，生成的数据常用一组属性值来为其命名，其原理示意图如图 5-5 所示。

兴趣扩散、初始梯度场建立和数据传输组成 DD 路由协议的三个阶段：①兴趣扩散阶段，汇聚节点下达查询命令多采用泛洪方式，传感器节点在接收到查询命令后对查询消息进行缓存并执行局部数据的融合；②初始梯度场建立，随着兴趣查询消息遍布全网，梯度场就在传感器节点和汇聚节点间建立起来，于是多条

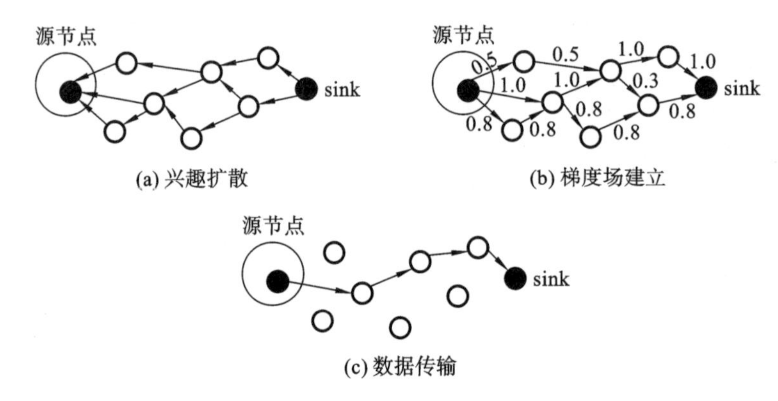

图 5-5　定向扩散路由协议原理示意图

通往汇聚节点的路径也相应地形成;③数据传输阶段,DD 路由协议是通过加强机制发送路径加强消息给最新发来数据的邻居节点,并且给这条加强信息赋予一个值,最终梯度场值最高的路径就为数据传输最佳路径,即数据沿这条梯度场值最高的路径以规定速率传输,其他梯度场值较低的路径视为备份路径。

DD 路由协议多采用多路径,鲁棒性好;节点只需与邻居节点进行数据通信,从而避免保存全网的信息;节点不需要维护网络的拓扑结构,数据的发送是基于需求的,这样就节省了部分能量。DD 路由协议的不足是建立梯度场时花销大,多 sink 的网络一般不建议使用;时间同步技术在数据融合中的利用,增加了开销。

(5) Rumor 谣传路由协议。

Rumor 谣传路由协议是在 DD 路由协议的基础上演化而来的,有的场合中,如果需要进行的消息查询是少量的,那么 DD 路由协议的路由建立开销太大就会造成资源浪费。因此,Braginsky 等人针对少量数据传输提出了 Rumor 谣传路由协议。该协议采用随机的单播查询消息给某个邻居节点,这样就会使得路由建立开销大大减少。当节点检查到目标事件后,将其保存并创建一个 Agent 消息(包括名称、到事件起源地的跳数、事件起源地的下一跳地址等)。将其按一条或者多条随机路径在网络中转发,中间节点收到此 Agent 消息后,在节点的事件列表中建立一个表项,收到 Agent 消息的节点根据事件和源节点信息的轨迹建立反向加强路径,再次发送前在 Agent 中增加已知的事件信息,并将 Agent 再次随机地发送到相邻节点。汇聚节点 sink 的查询请求则沿着一条随机路径发送,当查询消息的路径相交叉时,路由就建立起来了,否则以泛洪的方式查询。Rumor 谣传路由协议采用随机方式建立路径,传播路径可能会较长而有所延时,适合于数据传播很少且时延性要求低的应用场景,但是路由建立开销较小。

(6) GPSR (geographic and energy-aware routing)路由协议。

GPSR 路由协议是基于位置的一个典型的路由协议,网络中所有节点都知道自己和邻居节点的位置,对它们的位置进行统一编址。如果当前节点到目的节点的距离大于邻居节点到目的节点的距离,一般采用贪婪转发方式,否则就用周边转发方式。执行贪婪转发时数据可能会到达“不存在比该节点更接近目的节点的区域”,也就是常说的“路由空洞”,那么数据就会无法继续传播下去,如图 5-6 所示。

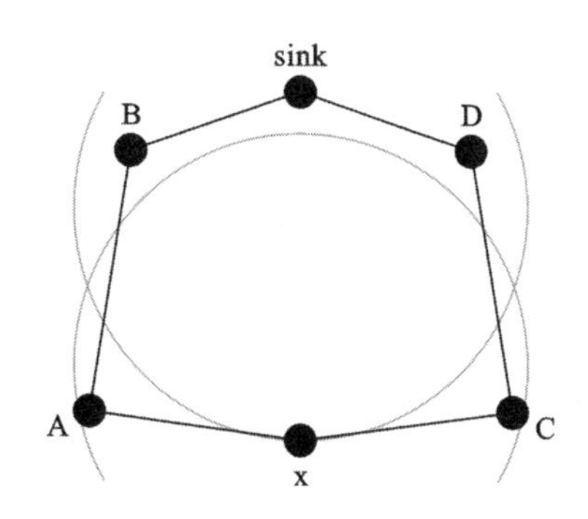

图 5-6　路由空洞示意图

当出现“路由空洞”时,若能够探测到空洞附近的节点,则可以通过右手法则判断,让数据沿空洞周围的节点来传播。如图 5-6 所示,通过节点 x 向 sink 发送数据,而此时节点 x 到 sink 的距离小于节点 A 和 C 到 sink 的距离。针对这种情况,在对网络进行平面化处理后,GPSR 路由协议需要删掉交叉边生成 GG 或 RNG 子图,运用“右手规则”绕过空洞沿其周围节点传送数据。当数据转发要选择的下一跳节点与目的节点间的距离小于空洞起始节点至目的节点的距离时,则转为利用贪婪转发方式。为防止在节点中建立、保存和维护路由表,GPSR 路由协议仅把单跳距离的邻居节点作为路由选择的对象,这样比较接近于最短欧氏距离,就节省下维护全局网络拓扑信息和路由表所需的能量;同时数据健壮性高,只要网络连通性没被完全破坏掉,就一定存在路径到达目的地。不足之处是当存在“路由空洞”时,需要 GPS 定位系统或其他定位方法协助确定节点的位置;没有考虑中继节点的剩余能量情况,就会容易使得部分节点使用频率高而“过劳死”。

(7) TBF(trajectory based forwarding)路由协议。

TBF 路由协议是一种基于源站和位置的路由协议,与 GPSR 路由协议一样需要 GPS 定位系统或其他方法协助确定节点的位置,可以利用 GPSR 路由协议中阐述的方法来绕开“路由空洞”。

与 GPSR 路由协议不同之处是,TBF 路由协议的数据传递不是沿着最短路径而是通过指定一条连续的传递路径；数据包头的路由信息大小基本固定，拓扑发生变化和网络的规模不会影响其开销，弥补了传统源站路由协议的不足。网络节点根据贪婪算法中的轨道参数和邻节点的地址，计算出最靠近路径的邻节点，作为数据的下一跳节点。TBF 路由协议通过赋予轨道不同的参数来实现多路径的传播和广播，源站路由避免了中间节点需存储大量路由信息的情况。但是随着网络规模的变大，路径变长，计算开销也变大。上述典型的平面路由协议之间的比较如表 5-2 所示。

表 5-2 典型的平面路由协议比较

路由协议	提供最短路径	支持节点移动	通信方式	基于位置	路由开销	支持元数据	可扩展性	时延	多路径
Flooding	√	√	事件驱动	×	大	×	差	小	√
Gossiping	×	√	事件驱动	×	小	×	较差	大	×
SPIN	可能	√	事件驱动	×	较大	√	较差	较小	√
MTE	可能	√	事件驱动	×	较大	×	较差	较小	√
DD	可能	×	查询驱动	×	较大	√	较好	较小	√
Rumor	×	×	查询驱动	×	小	×	较差	大	×
GPSR	可能	√	事件驱动	√	较小	×	好	小	×
TBF	×	√	数据源驱动	√	较小	×	较差	小	可能

5.3.2 分簇路由协议

常见的分簇路由协议有如下几种。

(1) LEACH 路由协议。

LEACH 路由协议是由 Heinzelman 等人提出的基于数据分层的协议，在无线传感器网络路由协议的发展史中占有不可或缺的地位，被普遍认为是第一个自适应分簇路由协议。其他路由协议如 TEEN、APTEEN、PEGASIS 等多是在 LEACH 路由协议基础思想上发展而来的。动态轮选簇首、自组织产生簇结构和簇内执行数据融合等都是 LEACH 协议的特点。LEACH 协议的工作循环(或称周期)以“轮”计。每轮中包含两个操作阶段，即准备阶段和就绪阶段。为使总能耗最小，一般规定就绪阶段比准备阶段工作时间长。准备阶段期间，每个节点通过随机函数产生一个[0,1]范围内的随机数，与式(5-6)得到的一个阈值 $T(n)$ 对比，如果随机数大于阈值 $T(n)$，那么这个节点就被选为簇首。

$T(n)$ 的计算公式如下：

$$T(n)=\begin{cases}\dfrac{K}{1-K\left(r\bmod \dfrac{1}{K}\right)}, n\in S\\ 0,\text{其他}\end{cases} \tag{5-6}$$

式中：r 表示当前的轮数；K 是预设常量，表示网络中簇首的数量与总节点数之比；S 表示最近的若干轮中还没有当选过簇首的节点集。图 5-7 所示的为 LEACH 协议的模型。

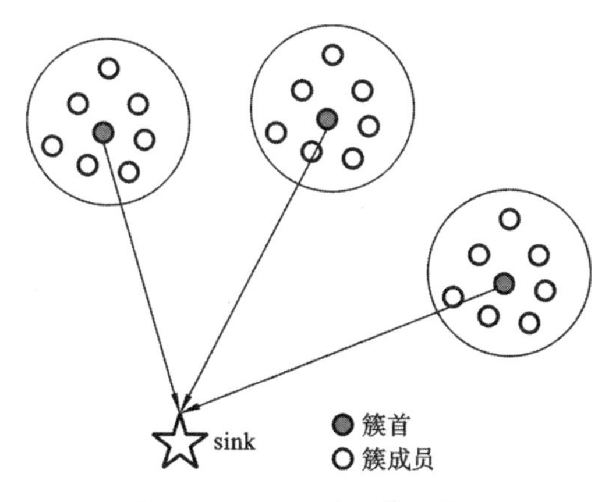

图 5-7　LEACH 路由协议模型

簇首选出后，就要向全网广播当选成功的消息，其他节点根据接收到信号的强度来选择它要加入哪个簇并递交入簇申请，信号强度越强表明离簇首越近。当完成簇成型后，簇首根据簇成员数量的多寡，需要发送给本簇内的所有成员一份 TDMA 时间调度表。簇成员在数据采集时就根据事先设置的 TDMA 时间表进行操作、采集信息，并上传给簇首。簇首将接收到的数据进行数据融合后直接传向汇聚节点 sink。在数据采集达到规定时间或次数后，网络开始新一轮的工作周期，簇首依然根据上述步骤进行再一次的选举。该协议实现起来简单；由于利用了数据融合技术，在一定程度上减少了通信流量，节省了能量；随机选举簇首，平均分担路由任务量，减少能耗，延长了系统的寿命。同时 LEACH 路由协议也存在不可忽视的缺点，比如由于簇首选举是随机地依据本地信息自行来决定，避免不了出现位置随机、分布不均的情况；每轮簇首的数量和不同簇中节点数量不同导致网络整体负载的不均衡；多次分簇带来了额外开销以及覆盖问题；簇首选举时没有考虑节点的剩余能量，有可能导致剩余能量很少的节点随机当选为簇首；如果汇聚节点位置与目标区域有较大的距离，且功率足够大，通过单跳通信传送数据会造成大量的能量消耗，所以单跳通信模式下的 LEACH 路由协议比较适合于小规模网络。另外，该协议在单位时间内一般发送数量基本固定的数据，不适合突发性类的通信场合。

(2) LEACH-C(LEACH-centralize)路由协议。

LEACH-C 路由协议是对 LEACH 路由协议的改进，簇首的产生由汇聚节点 sink 统一管理。分簇开始时，所有网络节点首先要把自己的信息(位置和剩余能量)上报给汇聚节点 sink，部分能量较大的节点被标注作为候选簇首，然后依据到簇首距离平方和最小的原则，采用模拟退火算法选出正式簇首，最后汇聚节点 sink 把竞选结果告知网络内所有节点。LEACH-C 路由协议的优点包括：汇聚节点 sink 基于全体节点的剩余能量信息统一管理簇首的选举，每轮中正式簇首的数量稳定、位置分布均匀；改进了 LEACH 中簇首个数不定、位置分布不均的问题；性能优于 LEACH 协议。其缺点包括：由于汇聚节点 sink 利用网络节点的位置和剩余能量集中进行运算，协议开销就变大；此外，与 LEACH 协议一样，它假设所有节点功率足够大，多采用单跳通信方式，所以能量消耗大、可扩展性差，不适合大规模网络的情况。

(3) PEGASIS(power-efficient gathering in sensor information system)路由协议。

PEGASIS 路由协议也是基于 LEACH 路由协议提出来的，网络中的传感器节点被认为是同构且静止的，采用动态选举簇首的思想，它是 LEACH 路由协议的一种改进版本，但是为减少由频繁地选举簇首造成的大的通信开销，而采用无通信量的簇首选举方法，即网络中只形成一个簇，我们称之为链。PEGASIS 协议中的每个节点相互之间都了解彼此的位置信息，对于下一跳节点就选离自己最近的，利用贪婪算法将整个网络节点串成一条总长度较小的链，靠近汇聚节点 sink 的选为簇首，只有簇首有资格与汇聚节点 sink 直接通信。PEGASIS 路由协议中，节点发送能量相同的信号，通过返回信号的强弱来确定节点的位置，通过这种方法，网络中所有的传感器节点的位置信息都能清楚地被了解，然后根据这些信息选择各自所属的聚类，簇首根据位置信息计算出通往汇聚节点 sink 的最优路由。PEGASIS 路由协议结构图如图 5-8 所示。

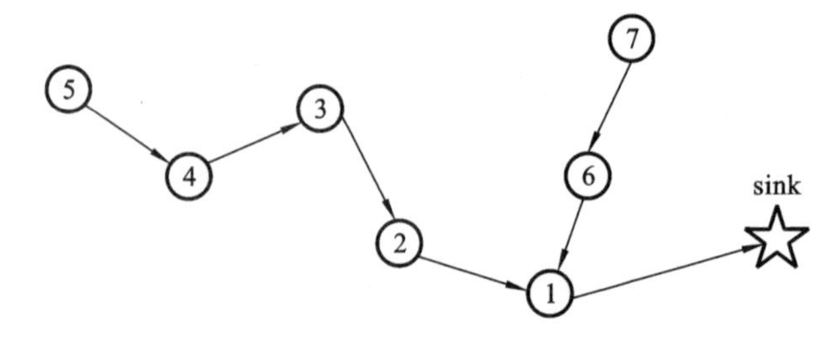

图 5-8 PEGASIS 路由协议结构图

PEGASIS 路由协议的优点是不需要周期性地动态选举簇首，采用最佳链路进行数据传递，并且采用数据融合技术，减少了数据的发送和接收，因此，整个传

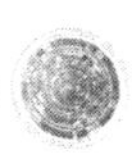

感器网络的功耗比LEACH路由协议小很多。研究结果表明,PEGASIS路由协议支持的无线传感器网络生命周期约是LEACH路由协议的2倍。PEGASIS路由协议的缺点是:节点需具备和sink通信的能力,成链算法要求节点对其他节点的位置信息有所了解,这必然会增加部分开销;节点维护位置信息需要消耗部分能量;一旦节点众多,链路过长,数据传输就会有很大的延迟;要有一定的数据处理能力,适合于传输数据的最小值、最大值或平均值之类简单的应用情况;固定不变的簇首使得簇首成为瓶颈,它的失效会导致路由失败。

(4) TEEN(threshold sensitive energy efficient sensor network protocol)路由协议。

TEEN路由协议是第一个事件驱动的响应型聚类路由协议。根据簇首与汇聚节点间距离的远近来搭建一个层次结构。TEEN路由协议中有两个重要参数:硬阈值和软阈值。硬阈值设置一个检测值,只有传送的数据值大于硬阈值条件时,节点才允许向汇聚节点sink上传数据。而软阈值设置一个检测值的变化量值,规定只有当传送数据的改变量大于设定的软阈值时,才同意再次向汇聚节点sink上传数据,这两个阈值决定了节点何时能够发送数据。工作原理如下:当首次发送的数据值大于硬阈值时,下一级节点向上一级节点报告,并将数值保存起来;此后当发送数据值大于硬阈值且变化量大于软阈值时,低一级节点才会再次向上一级节点报告数据。TEEN路由协议结构图如图5-9所示。TEEN路由协议的优点是:由于软、硬阈值的存在,具有了过滤功能,精简数据传输量,数据传输量比主动网路少,节省了大量的能量,适合于响应型应用;层次型的簇首结构无需所有节点具有大功率通信能力,更适合WSN网络的特点。TEEN路由协议的缺点是:多层次簇的构建非常复杂;如果某个节点的检测数据达不到硬门限,那么用户将无法获知这个感应数据,也无法判断这个节点是否失效,因此这个方法在周期性采样的网络中要谨慎使用;如果每个节点都需要较高的通信功率与汇聚节点sink通信,就仅仅适合小规模的系统。

(5) HEED(hybrid energy efficient distributed clustering approach)路由协议。

HEED路由协议是混合式的路由协议。值得一提的是,簇首竞选时HEED路由协议除了充分考虑节点的剩余能量,还将簇内通信代价作为第二影响因子。这里簇内通信代价使用“平均最小可达能量”(average minimum reachability power,AMRP)来说明,AMRP的计算方法为

$$\mathrm{AMRP} = \frac{\sum_{i=1}^{M} \mathrm{MinPwr}_i}{M} \tag{5-7}$$

式中:M表示簇内的节点数;MinPwr_i代表簇内节点i和簇首通信所需要的最小

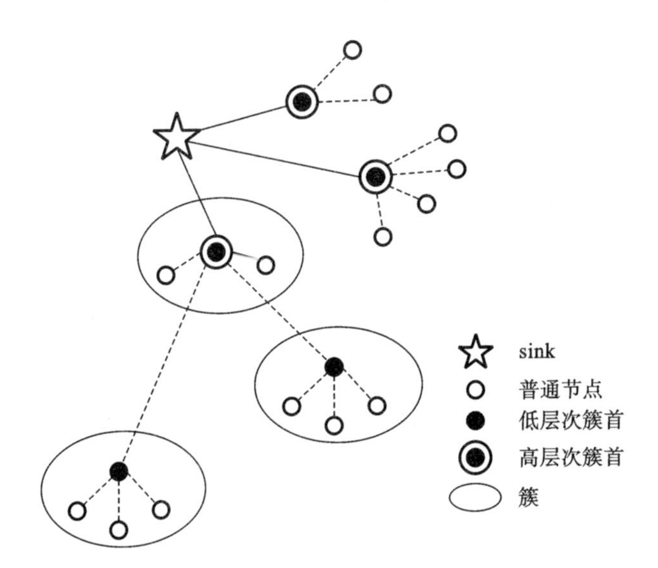

图 5-9　TEEN 路由协议结构图

能耗。工作过程中，每个节点需要计算出自身当选簇首时的通信代价，并将通信代价广播给邻居节点，自身当选为簇首的概率表示为 $\mathrm{CH}_{\mathrm{prob}}$，其计算方法为

$$\mathrm{CH}_{\mathrm{prob}}=\max\left\{C_{\mathrm{prob}}\frac{E_{\mathrm{residual}}}{E_{\max}},P_{\min}\right\} \tag{5-8}$$

式中：C_{prob} 为成为簇首的概率；E_{residual} 为节点的剩余能量；$E_{\max}$ 为节点的初始能量；$P_{\min}$ 为概率的阈值。根据公式可知，候选簇首必然是选择剩余能量多的节点，每迭代一次将加倍，当 $\mathrm{CH}_{\mathrm{prob}}$ 为 1 时，节点就竞争成为最终正式的簇首。剩余能量如果近似，影响因子簇内通信代价可作为是否成为正式簇首的判据，在剩余能量均匀的簇内，节点选择加入簇内通信代价最小的簇加入，以使得簇首间负载均衡。可以实现有限次迭代内就完成正式簇首的竞选，正式簇首分布均匀；在簇首选举时不仅考虑到了节点的剩余能量，而且将簇内通信代价作为第二影响因子，有利于能量分布更加均衡。在初始簇形成阶段，该协议进行的多次迭代，免不了会多出一些额外的开销。

(6) TTDD(two-tier data dissemination)路由协议。

TTDD 路由协议是一种主要针对网络中存在的多 sink 和 sink 移动问题的，基于网格的层次路由协议。TTDD 协议包括三个阶段：构建网格阶段、发送查询数据阶段和传输数据阶段。其中，构建网格阶段是 TTDD 路由协议第一步也是最关键、最核心的一步，协议中的节点都清楚自身处所的位置，当得到有事件发生信号时，就近选择一个节点作为源节点，源节点将自身所处位置作为格状网(grid)的一个交叉点，基于此点，先计算出相邻交叉点的位置，利用贪婪算法计算出距离该位置最近的节点，最近的节点就成为新交叉点，以此铺展开构建成

为一个格状网。事件信息和源节点信息被保存在网格的各个交叉点。数据查询时，汇聚节点 sink 在所达范围内，依次找出最近的交叉点，经由交叉点传播数据直至源节点，源节点收到查询命令后，将数据沿最短路径返传向汇聚节点 sink。有时，在等待数据回传时，汇聚节点 sink 可以采用 Agent 代理机制保持移动，以保证数据可靠地进行传输。TTDD 路由协议原理图如图 5-10 所示。

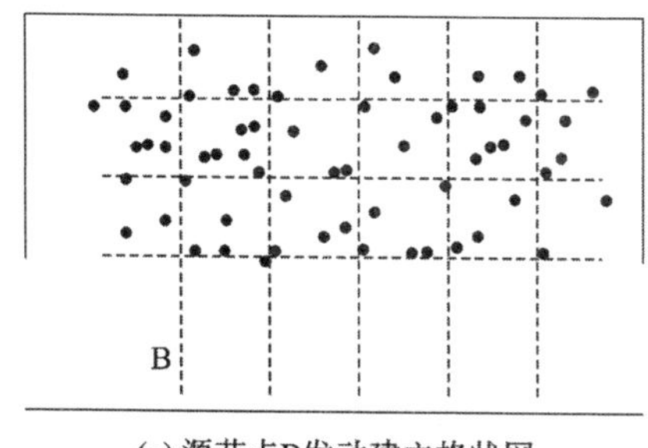

(a) 源节点B发动建立格状网

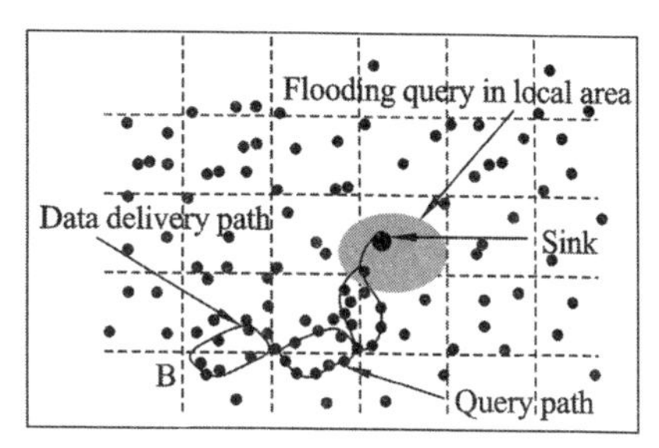

(b) sink节点向源节点B查询数据

图 5-10　TTDD 路由协议原理图

与 DD 路由协议相对比，TTDD 路由协议采用的是单路径，可以延长网络的生命周期；采用代理机制很好地解决了汇聚节点 sink 的移动性问题。但是 TTDD 路由协议中，节点必须知道自身位置的所在；要求节点密度比较高；计算与维护格状网的开销成本较大；网格构建、查询请求和数据传递过程都会造成传输的延迟，所以这种协议在目标高速移动和高实时性需求的场合应慎用；如果节点是非汇聚节点 sink，位置是不能移动的。

(7) EEUC(energy efficient uneven clustering)路由协议。

通常路由协议多针对均匀簇的网络，非均匀分簇的情况就需要设计对应的协议，EEUC 路由协议就是针对以上情况设计的一种新颖的协议。协议中簇首间采用多跳通信方式，靠近汇聚节点的簇首除发送自身感应的数据外，也要转发外层簇首发送至此的数据，因此容易早早死亡。基于此考虑，为了均衡网络范围内不同距离簇首的能耗，可以构建簇大小不同的簇群，拥有互不相等的簇竞争半径，竞争半径的计算方法为

$$R_i=\left[1-c\,\frac{d_{\max}-d(i,\mathrm{sink})}{d_{\max}-d_{\min}}\right]R_0 \tag{5-9}$$

式中：$d_{\max}$和 $d_{\min}$分别代表簇首到汇聚节点 sink 距离的最大值和最小值；d 代表簇首 i 到汇聚节点 sink 的距离；R_0 表示候选簇首的簇竞争半径的最大值，为预设常量。由式(5-9)可知，簇竞争半径的大小与簇首到汇聚节点 sink 的距离紧密相关，距离越近簇竞争半径就越小，簇内成员数量越少，簇内总能耗就越低；反之，竞争半径就越大，簇内成员数量越多，簇内总能耗就越高，这样就可以均衡网内不同位置簇首的能耗。EEUC 路由协议的优点是：采用半径大小不同的簇

群,解决掉簇首能量消耗不均衡的问题,延长网络的生命周期。簇间采用多跳通信,比单跳通信节省能量。其缺点是:距离汇聚节点 sink 不同的簇具有大小不同的簇半径,规模不一的簇生成过程管理比较复杂。由于每个簇数据融合后仅生成一个数据包,对于规模大小不同的簇在数据融合精度上就会存在差异,离汇聚节点 sink 近的簇内节点少,融合后的精度低,反之精度就高些。

针对多跳分簇中能量漏洞问题,提出了非均匀分簇的分簇拓扑控制算法。由于多跳通信比单跳通信具有更高的能量效率,因此在大规模无线传感器网络中多采用簇间多跳通信的数据路由协议。但是靠近 sink 区域的传感器节点由于需要承担大量数据中继任务,造成其能量消耗过多而死亡,这样就在靠近 sink 节点的地方出现网络覆盖盲区,这就是所谓的能量漏洞问题。非均匀分簇的基本思想就是在靠近 sink 节点的地方选择较小的簇规模,这样就会出现较多的簇首节点来分担数据中继任务,从而均衡能量消耗,减轻能量漏洞问题。

能量漏洞问题是节点均匀分布大规模无线传感器网络多跳通信中不可避免的问题,已经成为影响网络生存周期和能量效率的首要问题。Stanislava 和 Heinzelman 首先提出了非均匀分簇的概念,他们提出一种基于扇形模型的双层非均匀簇分簇拓扑算法 UCS(unequal clustering size),能有效解决网络节点间能量均衡问题,但是这种分簇不适用于规模较大的无线传感器网络。Li 等人提出一种能量有效的非均匀分簇协议 EEUC(energy-efficient unequal clustering),通过设置节点不同的簇首竞争半径,将网络划分为不同大小的簇。通过这种机制,能保证靠近 sink 节点的簇半径最小,从而产生更多的簇首节点来分担数据中继传输所带来的压力。但是该算法只是以一种线性递减的方式来调整节点的竞争半径,所以并不是一种能量最优的非均匀分簇方式。由于多跳通信的内在属性,通过非均匀分簇的方式只能减轻能量漏洞的影响而不能消除它。本书将提出一种能量最优消耗的非均匀分簇拓扑控制算法,该算法将证明只是单纯地依据传感器节点到 sink 节点的距离线性递减的分簇方式并不是一种最优的,而且依据这种非均匀分簇的结论,提出一种能彻底消除能量漏洞的低成本节点分布策略。多跳非均匀分簇示意图如图 5-11 所示。

(7) 加权分簇。

针对网络性能的均衡性和网络应用场合的多变性,提出了加权分簇算法。不同分簇协议的分簇规则均是针对某些特定的网络或者节点特性,如剩余能量最高、节点接度最大以及负载最小等因素,所选出的簇首要尽可能地满足工作更长的时间、覆盖最多的节点、具有最小的通信代价等目标。加权分簇算法就是将所有的网络因素均考虑在内,并根据实际应用目标的不同赋予不同的权值,依靠权值进行调节,大大提高了分簇协议的扩展性和适用性。最具代表性的属于 Chatterjee 等人提出的 WCA(weight clustering algorithm)加权分簇协议,该分

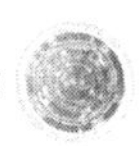

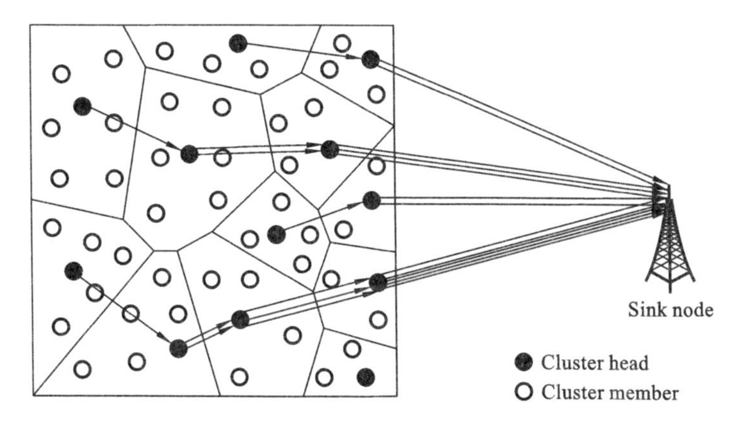

图 5-11 多跳非均匀分簇示意图

簇协议主要考虑以下因素来计算节点权值：簇不应该超过最大规模 δ；能量消耗的功率；移动性（倾向于选择慢移动的节点）；邻节点的接近程度（簇内成员间的距离越小越好）。为了衡量节点负载的均衡性，定义负载平衡因子 LBF（Load Balancing Factor）如下：

$$\mathrm{LBF}=n_c/\sum_{i=1}^{n_c}(x_i-u)^2 \tag{5-10}$$

式中：n_c 代表网络中簇首的个数；x_i 表示第 i 个簇拥有的节点数。LBF 的大小与簇间的负载均衡程度成正比，通过相应的指标规定 LBF 值可以确定簇内期望成员数 δ，当每个分簇成员数均接近于 δ 时，簇首的能量消耗保持一致。然后节点 v 的权值用公式表示为

$$W_v=w_1|d_v-\delta|+w_2\Big[\sum_{u\in N(v)}\mathrm{dist}(v,u)\Big]+w_3S(v)+w_4T(v) \tag{5-11}$$

式中：w_i 是非负值的权重因子；$N(v)$ 是 v 的邻节点（用最大功率所能到达的节点）；$S(v)$ 是节点 v 的平均速率；$T(v)$ 是节点 v 已经作为簇首的时间。通过调节不同的权值，可以在几个簇首之间轮换簇首的角色，以保证在这几个节点中分担负载，同时通过调整不同属性的权重，可以根据不同的应用优化不同的网络性能指标。Moussaotri 等人提出的加权分簇算法中用于加权的因素主要包括分簇大小阈值、节点的剩余能量以及相互之间的距离。在这些协议中，一个很重要的参数是预设的最优分簇大小，这个并不容易获得。

分层路由协议各项指标比较如表 5-3 所示。

表 5-3 分层路由协议各项指标比较

路由协议	分簇方式	基于位置	簇分布均匀性	簇间传输方式	网络生命周期	路由建立开销	可扩展性	节能性	能耗均衡性
LEACH	分布式	×	差	单跳	短	小	较差	差	差

续表

路由协议	分簇方式	基于位置	簇分布均匀性	簇间传输方式	网络生命周期	路由建立开销	可扩展性	节能性	能耗均衡性
LEACH-C	集中式	√	好	单跳	较短	大	差	差	较差
PEGASIS	分布式	√	差	单跳	较长	大	差	较好	较好
TEEN	分布式	×	较好	多跳	长	小	好	好	一般
HEED	分布式	×	较好	单跳	较短	较大	较差	差	较差
TTDD	分布式	√	好	多跳	长	较小	好	好	一般
EEUC	分布式	×	较好	多跳	长	较小	好	好	好

第6章 基于能量均衡的分簇路由协议

6.1 基于分簇技术的层次型路由协议

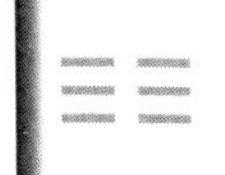

随着近些年电子通信和计算机科学的发展，特别是 MEMS 技术的发展，使得传感器节点的单节点运算和信息处理能力越来越强、能耗越来越低。这些硬件技术的进步推动了原本不适用于无线传感器网络的较复杂的拓扑控制算法的发展与应用。另一方面随着无线传感器网络的规模越来越大，应用环境越来越复杂，对网络的性能要求也越来越高，这些技术进步和应用需求都推动着网络分簇拓扑构造理论的发展。接下来简要介绍分簇拓扑控制算法的研究现状，包括分簇协议的研究进展、关键技术以及面临的问题等。

从网络分簇过程可以看出，簇首和簇成员节点是组成这个骨干网络的关键；其次在网络的通信过程中，信息在簇成员节点与簇首以及汇聚节点间的高效传输则决定着整个网络的能量消耗。因此，如何有效地选择和分配这些分簇，以及如何决定它们之间的数据传输方式是分簇拓扑控制所关注的主要问题。总的来说，分簇拓扑控制主要包括以下几个技术要点。

（1）簇首的选择。

分簇拓扑首先需要考虑的就是簇首的选择，这是构成分簇网络的基础。在簇首选择算法上，既要保证网络的覆盖与连通性，同时由于无线传感器网络的能量受限特性，对算法的收敛速度和复杂度也有较高的要求。然而对于寻求这种网络的集中式连通覆盖集是一个 NP 难题，如何合理地选择簇首，将关乎网络能量消耗的速度与均衡性、信号干扰程度和网络的有效生存时间。

(2) 分簇规模控制问题。

分簇规模控制问题是无线传感器网络的一个典型的优化问题。分簇大小决定着网络的分簇数目、节点间的通信距离以及数据路由形式等多个关键问题。分簇规模的优化可以看作是对多种因素的一个折中处理，由于网络的复杂性，很难精确建模，实际工作中只能对几个比较关注的性能指标进行最优化处理。通过一定的规则和优化目标来控制分簇规模并保证成员节点均匀地分布到各个分簇中以均衡簇首负载是分簇拓扑控制研究的一个重要目标。

(3) 分簇拓扑的重构。

从分簇的结构可以看出，簇首和簇成员节点的分工注定了它们之间能量消耗的不均衡，为了避免簇首的过早死亡，必须进行角色轮换以均衡节点能量消耗，这也就是分簇拓扑的重构。然而分簇拓扑重构是需要消耗系统能量的，而且这个阶段无法感知和传输数据；另一方面，频繁的分簇重构会导致整个网络产生极大的额外开销，从这个角度上讲应该尽量少地进行分簇轮换操作。如何在均衡能量消耗和减小系统能量开销这两个相互矛盾的因素中获取最佳的处理方式对于提高网络能量利用效率极为重要。研究簇的轮换周期、优化分簇拓扑重建机制是提高分簇网络性能的一项重要技术。

(4) 簇的形成及数据路由簇首选定之后，各节点依据算法规定的策略来决定加入哪个簇，要确保节点在交换最少信息量的基础上均匀加入分簇，同时也要保证成簇算法的复杂度不能太高、收敛性速度较快。在分簇拓扑网络形成之后，网络即开始数据感知和通信，要提高网络的能量利用效率，减少源节点到目的节点之间的通信延迟路径和单跳通信距离，避免产生拥塞并且均衡网络流量，就必须设计合理的数据路由算法。无线传感器网络是以数据为中心，其数据路由的一个重要特点是必须结合网络拓扑结构来设计，而好的数据路由协议也会在一定程度上改善拓扑结构所带来的某些固有缺陷。从这个意义上来说，数据路由可以说是拓扑控制协议的延续，而无线传感器网络能量优先、多源单汇的通信特性以及数据量大等特点，也决定了其设计极具挑战性。

正如前面所说，无线传感器网络是一个资源受限的网络，因此在设计相关拓扑控制协议的过程中，需要充分考虑到网络中节点的剩余能量以及数据传输的能耗等因素。分簇拓扑发展到现在取得了很多的研究成果，但是随着无线传感器网络的应用范围越来越广，应用场合越来越复杂，使得分簇网络结构在应用中仍然还存在以下一些问题。

(1) 簇首选择方式与分布不合理。在分簇结构中，簇首的选择是网络中需要重点考虑的一个方面，如果簇首的选择具有随机性，将导致簇首由于能耗过大而将自身的能量很快耗尽，从而影响网络生命周期。特别是在大规模网络中，多

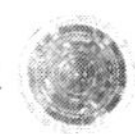

跳通信所带来的能耗不均问题对分簇的选择与分布提出了新的要求。

(2) 网络拓扑改变不合理。在通过簇首轮换的方式达到能耗均衡的过程中,重新选择簇首的操作需要消耗一些用于网络拓扑构造的能量,同时过于频繁的或者过于不频繁地重新选择簇首和构建新的拓扑都会对网络的能量利用效率和生命周期产生极大影响,因此,需要对网络拓扑变更的频率和机制进行控制与优化。

(3) 数据传输方式不合理。在数据传输阶段,所有的簇成员节点直接与簇首通信,簇首直接与基站通信,如果通信距离较长会造成较大的能耗负担,使节点的能量严重浪费;另一方面由于网络节点的分工而造成数据负载不同,通信能耗也不一样,这就造成了节点之间能量消耗的不均衡,需要设计更有效的路由协议来解决这些问题。

在分簇网络结构中,针对上面的三个主要问题,可以分别设计出不同的拓扑控制算法,比如针对簇首选择不合理的问题,可将簇首的剩余能量、簇首当前所管理的簇成员节点信息、簇首分布的位置信息等进行综合考虑;针对数据传输方式的不合理性,可通过使用多跳传输的方式,将较远距离的传输转换成为较近距离的传输,研究合理的数据转发协议来均衡网络负载;针对网络分簇拓扑重构问题,可研究在综合网络各种参量情况下的不同优化目标下的最优簇重构策略。

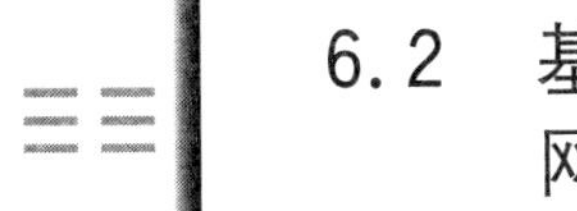

6.2 基于泊松分布的无线传感器网络分簇协议性能优化

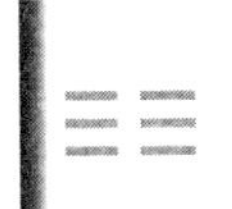

6.2.1 分簇能耗建模

在保证通信质量的前提下,分簇协议中节点消耗的能量越少越好。下面基于文献[8]对 LEACH 路由协议分簇过程中的能耗进行分析建模。本书对 WSNs 网络模型作如下假设:

设 WSNs 节点总数为 N,节点以密度为 λ 的泊松分布过程分布在 $a\times a$ 的正方形二维空间内,节点位置固定,簇首密度为 λ_1,簇成员节点的密度为 λ_0,则 $\lambda_1=p\lambda$,$\lambda_0=(1-p)\lambda$,$p=m/n$。网络共形成 m 个大小不等的簇,簇首位于所在簇的中心,基站位于整个网络区域之外,所有节点采用一跳式路由算法。每个簇成员节点在一个时间片内采集发送的数据为 1 b。融合 1 b 数据消耗的能量为 E_{DA},簇首数据融合比例为 $L:1$。簇成员节点发送给簇首的每个数据包的大小

为 b 比特。

LEACH 算法的节点能量模型是基于 Heinzelma 提出的 WSNs 无线通信能耗 first order 改进模型。改进模型包括两种信道模型的能量消耗方式：一种是自由空间信道模型；另一种是多径衰落信道模型。对于两种方式的选择主要取决于发送者和接收者之间的距离 d，当两者之间的距离 d 小于阈值时，选择自由空间信道模型；否则就选择多径衰落信道模型。

节点发送 b 比特信息的能量消耗 E_T 为

$$E_T=\begin{cases}b(E_{elec}+\varepsilon_{fs}d^2), & d<d_0\\ b(E_{elec}+\varepsilon_{amp}d^4), & d\geqslant d_0\end{cases}$$

而节点接收 b 比特信息的能量消耗为

$$E_R=bE_{elec}$$

式中：E_{elec} 表示信号发射电路或接收电路的能耗；ε_{fs} 为自由空间传播消耗能量；ε_{amp} 为多径传播消耗能量。

根据 LEACH 路由协议分簇原理，分簇过程分为成簇和分簇稳定两个阶段，下面对协议能耗进行详细分析。在成簇阶段，簇首在本簇中的能量消耗分为三部分：向网络中发送广播包的能耗、接收簇内节点发来的加入消息能耗和发送 TDMA 表到簇内节点的能耗，表示如下：

$$b(E_{elec}+\varepsilon_{amp}d_4^{\ 4})+bE_{elec}n_1+b(E_{elec}+\varepsilon_{fs}d_3^{\ 2}) \tag{6-1}$$

式中：n_1 为本簇内节点总数（包括本簇簇首）；d_4 为网络的覆盖范围；d_3 为一个簇覆盖的最大范围。参考文献[9][10]可计算得到每个簇内的成员节点数目 n_1 为

$$E[n_1]=\int_0^{2\pi}\int_0^{\infty}e^{-\lambda_1\pi x^2}\lambda_0 x\mathrm{d}x\mathrm{d}\theta=\lambda_0/\lambda_1$$

一般而言，节点在网络区域分布是概率密度为 λ_0 的泊松分布，所以 d_1 的均值为：$E[d_1^{\ 2}]=\iint d_1^{\ 2}\lambda_0\mathrm{d}x\mathrm{d}y=1/\pi\lambda_1$，能耗中以 $E[d_1^{\ 2}]$ 代替 $d_1^{\ 2}$ 作近似计算。

在稳定工作阶段，簇首能量消耗也分为三部分：接收簇内节点发来的数据包能耗、融合数据包的能耗和转发数据包到基站的能耗，表示如下：

$$bE_{elec}*n_1+bE_{DA}(n_1+1)+(b/L)(E_{elec}+\varepsilon_{amp}d_2^{\ 4}) \tag{6-2}$$

式中：d_2 为该簇首到基站的距离；$(b/L)(E_{elec}+\varepsilon_{amp}d_2^{\ 4})$ 为数据融合比例为 $L:1$ 情况下簇首发送数据到基站的能耗。由前述分析可知，簇首在分簇过程中的总能耗为

$$\begin{aligned}E_{head}=&b(E_{elec}+\varepsilon_{amp}d_4^{\ 4})+bE_{elec}n_1+b(E_{elec}+\varepsilon_{fs}d_3^{\ 2})\\&+bE_{elec}n_1+bE_{DA}(n_1+1)+(b/L)(E_{elec}+\varepsilon_{amp}d_2^{\ 4})\end{aligned} \tag{6-3}$$

而在成簇阶段，簇成员节点在其所属簇内的能耗分为三部分：接收本簇簇首

 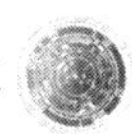

的广播包能耗、发给本簇簇首的加入请求数据包能耗和接收本簇簇首发来的TDMA 时间表能耗，表示如下：

$$bE_{\text{elec}}+b(E_{\text{elec}}+\varepsilon_{\text{fs}}d_1^2)+bE_{\text{elec}} \tag{6-4}$$

式中：d_1 为该节点到本簇簇首的距离。

另外，在分簇稳定工作阶段，成员节点发送数据包到簇首消耗的能量为

$$b(E_{\text{elec}}+\varepsilon_{\text{fs}}d_1^2)$$

所以，一个簇成员节点在分簇过程中的总能耗为

$$E_{\text{node}}=b(4E_{\text{elec}}+2\varepsilon_{\text{fs}}d_1^2) \tag{6-5}$$

那么网络中分簇协议的总能耗为：

$$E_{\text{net}}=m(E_{\text{head}}+n_1E_{\text{node}}) \tag{6-6}$$

将式(6-3)、式(6-5)代入式(6-6)得到：

$$\begin{aligned}E_{\text{net}}=b[&E_{\text{elec}}(6N+m/L-4m)+m\varepsilon_{\text{amp}}d_4^4\\&+E_{\text{fs}}(2N-m)N/(\pi m\lambda)+E_{\text{DA}}N+(m/L)\varepsilon_{\text{amp}}d_2^4]\end{aligned} \tag{6-7}$$

求 E_{net} 取最小值时所对应的簇首数 m，即为每轮选举的最优簇首数，所以式(6-7)对 m 求一阶导数则可以得出最佳的成簇个数。

令 $\frac{\text{d}E_{\text{net}}}{\text{d}m}=0$，有 $(1/L-4)E_{\text{elec}}+\varepsilon_{\text{amp}}(d_4^4+d_2^4/L)-\varepsilon_{\text{fs}}2N^2/(\pi\lambda m^2)=0$，可以得到：

$$m=\sqrt{\frac{\varepsilon_{\text{fs}}2N^2}{\pi\lambda[\varepsilon_{\text{amp}}(d_4^4+d_2^4/L)-(4-1/L)E_{\text{elec}}]}} \tag{6-8}$$

由式(6-8)可以看出，当参数 E_{elec}、ε_{fs}、ε_{amp}、d_2、d_4 已知，则网络分簇的最优的簇首数主要由节点总数 N、泊松分布密度 λ 和簇首数据融合比例 L 决定。

6.2.2 性能优化分析

下面通过实验验证前文描述的网络分簇能耗数学分析结果，如图 6-1 所示。由图可见，通过能耗模型分析的结果与仿真结果基本吻合，说明了模型的有效性。由于仿真实验时分簇过程中不同节点的能耗存在不均衡性，从而使网络的能量过早耗尽，所以仿真中的分簇能耗比模型计算的能耗大。

网络分簇能耗与节点泊松分布密度关系如图 6-2 所示。由图可见，网络分簇的能耗随节点泊松分布密度的增加而减少，这是因为节点密度增加，节点的任务分担更均匀，网络节点分布趋于均衡，从而节点负载相对均衡，导致网络整体的能耗有了一定改善。

下面来分析网络生命周期，依据 LEACH 路由协议，如果维持 T 个数据收集周期，则每节点能量消耗可表示为：$E=T*E_{\text{net}}/N$。其中 E 为每节点初始能

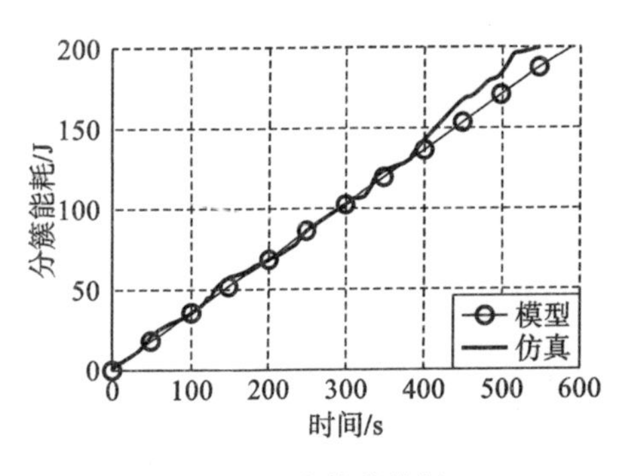

图 6-1 分簇总能耗

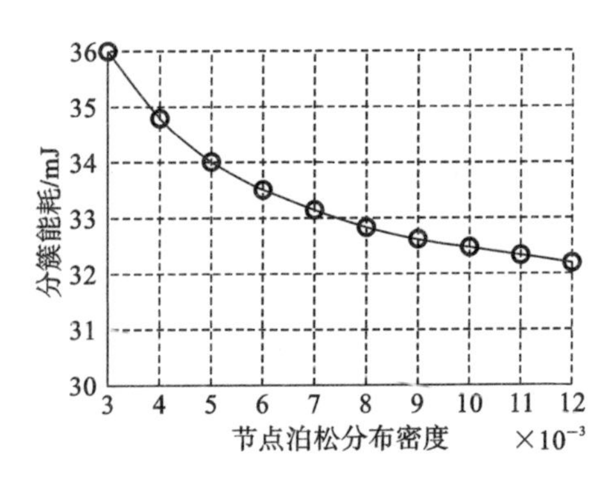

图 6-2 分簇能耗

量，根据前述分簇能耗分析，可算出网络的生命期 T 为

$$T = E * N/E_{\text{net}}$$

$$= \frac{EN}{b[E_{\text{elec}}(6N + m/L - 4m) + m\varepsilon_{\text{amp}}d_4{}^4 + \varepsilon_{\text{fs}}(2N - m)N/\pi m\lambda + E_{\text{DA}}N + (m/L)\varepsilon_{\text{amp}}d_2^4]} \tag{6-9}$$

由式(6-9)可得到节点泊松分布密度与网络生命周期的关系，如图 6-3 所示。由图 6-3 可见，在 λ 一定的情况下，随着分簇数量的增加，生命周期不是简单地单调减少或增加。分簇数量较少时，一个簇范围可能过大，则部分成员节点离簇首比较远，数据传输将耗能更多，从而缩短网络的生命周期；相反，分簇数量过多时，多个簇首发送大量的数据，则簇首消耗的能量要远大于簇成员节点，导致整个网络的生命周期缩短。当分簇为最佳簇首个数时，网络的生命周期最优。

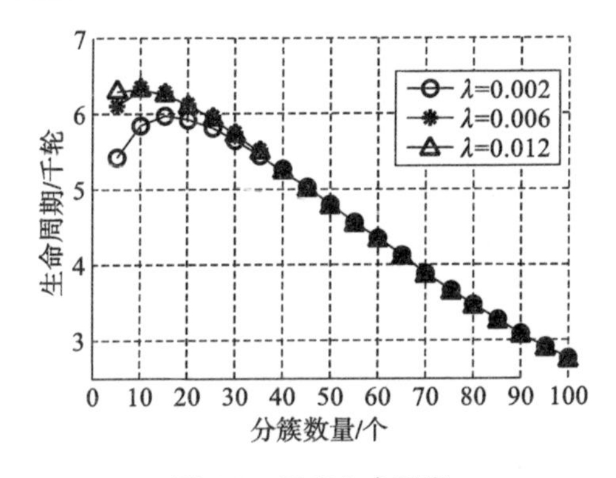

图 6-3 网络生命周期

另外，当 λ 增大时，WSNs 网络的生命周期会延长。这是因为随着 λ 的增加，网络分簇能耗随之降低，从而有效地延长了网络的生命周期。当网络节点泊松分布密度分别为 0.002、0.006、0.012 时，网络分簇能耗最优的簇首数量分别

是 15、10、8，这种情况下网络的生命周期最长，其值分别是 5951 轮、6236 轮、6345 轮。图 6-2、图 6-3 印证了对 WSNs 进行适当分簇，并确定合理的节点泊松分布密度可使网络能耗达到最低，生命周期最长。

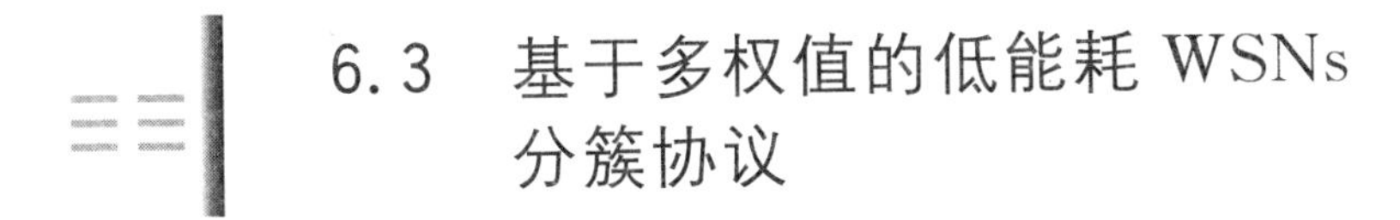

6.3 基于多权值的低能耗 WSNs 分簇协议

本节提出一种节点服从泊松分布的 WSNs 分簇协议的能耗分析模型，并对节点能耗和分簇协议总能耗进行了数学分析，分析了节点泊松分布密度与最优分簇数量、分簇协议能耗的关系式。仿真实验和数学分析表明：本模型可以有效地分析分簇协议算法，合理调整节点泊松分布密度及相应的最优分簇数量，能够改善 WSNs 分簇协议的能耗性能，为优化分簇协议提供了一定的依据。今后需要进一步改进模型以优化协议能耗性能，使其具有更广泛的应用价值。

在无线传感器网络中，基于分簇的层次路由是一种有效的节能技术。LEACH 算法是一个早期的分布式分簇算法，它初步解决了网络负载平衡的问题。但 LEACH 算法存在簇首选择不合理、节点能耗不均衡等问题。本节对簇首选择和成员节点选择加入哪个簇采用了一种新的评估方法，它兼顾了候选簇首的剩余能量、成员节点已当选簇首次数和当前网络簇首个数等因素，以便降低节点的能耗，延长了网络的生命周期。最后使用 Matlab 进行仿真验证，测试并比较改进协议和 LEACH 路由协议对网络生存时间、网络剩余能耗等网络性能的影响。作为一个能量优先的层次式路由协议，LEACH 算法的随机簇首选择机制具有良好的自组织特性，而且能够保证各节点等概率成为簇首。然而，LEACH 路由协议也有一些需要改进的地方，如 LEACH 路由协议中簇首的选择没有考虑节点的当前能量、成簇过程中簇成员节点仅依据自身通信代价选择簇首等问题。具体分析如下：

(1) 簇首选择没有考虑节点的当前能量。LEACH 路由协议的簇首竞选是随机的，即剩余能量少的节点也可能成为簇首，从而导致该节点很快耗尽能量，甚至死亡的现象。而簇内成员并不知道簇首已经死亡，仍然在等待簇首发出的确认消息，甚至不断重新发送消息，造成更多的能量消耗，从而加速更多节点的死亡，还可能引起因局部区域节点过早死亡从而网络覆盖度无法保障等问题。

(2) 簇首选择没有考虑节点已经做过簇首的次数。当节点做簇首次数过多时，离该节点较远的节点能耗较多，会出现节点能耗不均衡的现象。

(3) LEACH 算法中节点根据自身通信代价最小原则选择距离较近的簇首加入其簇。不考虑簇首的能量问题，不利于簇的负载平衡和整个网络的能量节省。

针对 LEACH 路由协议在簇首选举和节点如何加入簇首的成簇过程的不足，在参考 Ad hoc 网络的基于权值的分簇算法的思路，在分簇过程中动态地计算节点竞争簇首的权值，提出了基于多权值的分簇协议 LEACH-ch。该协议综合考虑了簇首的剩余能量、节点已当选簇首次数和网络当前簇首数，基于多种网络参数以获得节点的簇首选取权值。改进算法主要体现在簇首选举机制和节点如何加入簇首的成簇过程，而数据传输阶段与 LEACH 路由协议的相同。

6.3.1 簇首选举

当选择簇首时，把候选簇首的剩余能量、节点已当选簇首次数和当前簇首数综合考虑进去。改进的阈值计算公式为

$$T(n)=\max(t_0,t(n)) \tag{6-10}$$

$$t(n)=\frac{p}{1-p(r\bmod 1/p)}\left[\frac{E_1}{E_0}+\left(1-\frac{E_1}{E_0}\right)\frac{P}{C_1(C_2+1)}\right] \tag{6-11}$$

式中：E_0 为节点初始能量；E_1 为节点当前剩余能量；C_1 为节点在前 $r-1$ 轮中已当选簇首次数；C_2 为当前网络簇首个数。节点以 $T(n)$ 的概率当选为簇首，每轮循环中，当选过簇首的节点的 $T(n)$ 设置为 0，剩余节点当选为簇首的概率就增大，这样就保证了各节点等概率地当选为簇首。从式(6-11)不难看出：

$$\frac{E_1}{E_0}+\left(1-\frac{E_1}{E_0}\right)\frac{P}{C_1(C_2+1)}\leqslant 1 \tag{6-12}$$

因此，满足 $0<T(n)<1$。另外，在式(6-10)中，t_0 为阈值的最小值，$T(n)$ 的值不能低于 t_0，设立这个值的目的是防止在节点剩余能量 E_1 比较小的情况下，$T(n)$ 的值将会变得较小，这样节点产生 0－1 的随机数将很难比 $T(n)$ 小，从而难以产生新的簇首。

从上面的式子可以看出，$T(n)$ 的产生考虑了节点当前的能量、节点已当选簇首次数和当前簇首数等权值的影响，不再仅仅依据随机数产生簇首，所以不仅对初始能量均匀的网络，而且对节点初始能量不均匀的网络，该算法将比 LEACH 算法有更好的网络能量的均衡性。而且，当前能量大的节点有更大的概率成为簇首，使能耗平均分配到每个节点。另外，随着节点充当簇首次数的增加，节点成为簇首的概率变小，能够均衡该节点周围节点的能耗。当前网络中的簇首个数如果较多，参数 C_2 能够起到一定的调节作用，控制阈值 $T(n)$ 变小，从而降低节点当选为簇首的概率，防止过多的簇首产生。

6.3.2 成簇过程

当一轮选举中某节点当选为簇首，它就广播当选消息，同时广播它到基站的距离和当前的能量。普通节点接收到这些消息后，根据式(6-13)选择通信代价 COST 最小的簇首发送请求加入簇消息。簇首收到节点消息后的处理和 LEACH 算法一样，传输数据的稳定阶段不变。

$$\mathrm{COST}=w_1 d+w_2\frac{E_1}{E_0}+w_3\frac{1}{C_2} \tag{6-13}$$

式中：E_0 为节点初始能量；E_1 为候选簇首当前剩余能量；C_2 为当前网络簇首个数；d 为成员节点到候选簇首的距离。

式(6-13)考虑了簇首的当前剩余能量 E_1，剩余能量大的候选簇首 COST 小，节点选择加入的概率增大。节点可以通过交互信息获取的描述局部网络状况的参数包括：节点当前能量 E、节点的位置相关信息，将以上信息作为计算权值的参数，根据不同的应用背景，选取适当的加权系数，计算出每个节点的最终权值，作为节点申请成为簇首的依据。另外，对于加权系数 w_i，要求满足 $\sum w_i=1$，即必须是归一化的。w_i 的大小与场景大小、簇首的位置以及节点的初始能量相关，适当的取值能实现成员节点和簇首之间的折中，平衡能量消耗。

6.3.3 实验结果与分析

实验中不考虑无线信道干扰和信号冲突等随机因素，考虑 200 个节点随机分布在 100 m×100 m 的二维平面区域的无线传感器网络中，基站位于(50，125)处。假定距离门限值 d_0 为 70 m，文中所需仿真参数如下：假设每个节点初始能量为 5 J，每个节点接收或发送 1 b 数据所消耗能量为 $E_{\mathrm{tran}}=5$ nJ，自由空间信号放大器消耗能量 $\varepsilon_{\mathrm{fs}}$ 为 10 pJ/(b·m^2)，多径衰减信道信号放大器消耗能量 $\varepsilon_{\mathrm{amp}}$ 为 0.0013 pJ/(b·m^4)，每个数据包的大小固定为 50 b，所有节点一旦放置就不能再移动，节点死亡发生在其剩余能量与初始能量比例为 0.01 时。假定 95%的节点死亡时间作为网络生命周期的参数。利用 Matlab 仿真 LEACH 算法和 LEACH-ch 算法。

图 6-4 所示的是两种算法随着选举轮数的增加网络节点存活比例的比较。实验发现 LEACH 算法在 150 轮附近时开始出现节点死亡，运行到 450 轮时全部节点死亡，网络生命周期终止；而改进后的 LEACH-ch 算法的网络健壮性明显提高，算法运行后在 200 轮附近开始有节点死亡，网络运行可以持续到 500 轮。图中反映出改进的算法可实现更高的网络生命周期。可以看出，LEACH

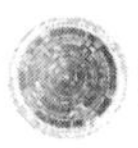

算法没有考虑节点剩余能量、节点已当选簇首次数和网络当前簇首数问题，导致了一些节点因过度消耗能量而加快死亡，而本书提出的改进算法则较好地避免这一问题，能有效地延长网络生命周期。

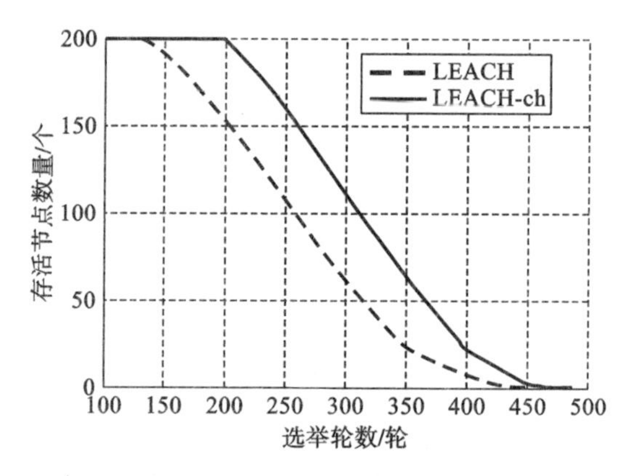

图 6-4　网络生命周期比较

图 6-5 所示的是节点剩余总能量和能量耗尽时间的比较。改进算法在网络运行到 500 轮时能量才消耗完，而 LEACH 分簇算法在 450 轮时能量已耗尽，这说明改进算法有效降低了网络总的能量消耗，改善了网络的性能。

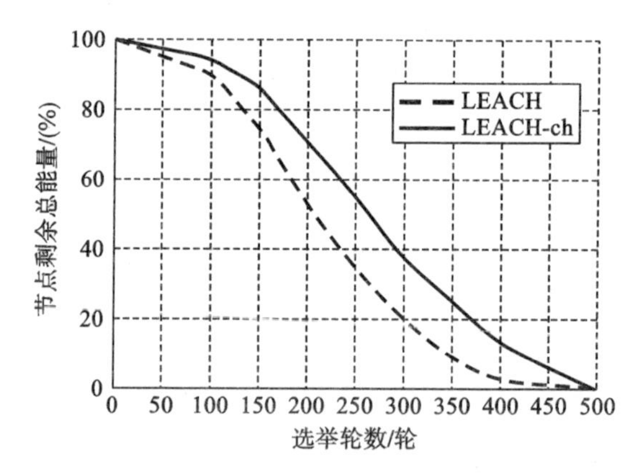

图 6-5　节点剩余总能量比较

6.4　基于非竞争式簇首轮转的 WSNs 分簇优化方法

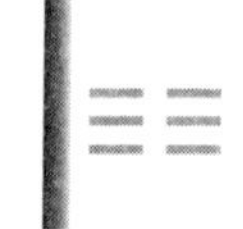

为了对分簇协议能耗进行分析，本书对 WSNs 网络模型作如下假设：研究的网络分布在一正方形二维区域内，其应用场景为周期性的数据收集。设

WSNs 节点总数为 N，节点以密度为 λ 的泊松分布过程分布在 $a\times a$ 的区域，节点位置固定，簇首密度为 λ_1，簇成员节点的密度为 λ_0，则 $\lambda_1=p\lambda,\lambda_0=(1-p)\lambda$，$p=m/n$。网络共形成 m 个大小不等的簇，簇首位于所在簇的范围内，不失一般性，假定基站位于整个网络区域之外，所有节点采用一跳式路由算法。每个簇成员节点在一个时间片内采集发送的数据为 1 b。数据融合比例为 $\alpha(0<\alpha<1)$，融合 1 b 数据消耗的能量为 E_{DA}。簇成员节点发送给簇首的每个数据包的大小为 b 比特。

6.4.1 成簇能耗

LEACH 路由协议采用的是竞争式簇首轮转策略，分簇过程分为成簇和分簇稳定两个阶段，下面对 LEACH 路由协议分簇过程中的能耗进行分析建模。簇建立阶段能耗分析如下。

簇首在一个簇内的能耗分为三部分：向网络中发送广播包的能耗、接收簇内节点发来的加入消息能耗和发送 TDMA 表到簇内节点的能耗，表示为

$$b(E_{elec}+\varepsilon_{amp}d_4^4)+bE_{elec}n_1+b(E_{elec}+\varepsilon_{fs}d_3^2) \tag{6-14}$$

式中：n_1 为本簇内节点总数（包括本簇簇首）；d_4 为网络的覆盖范围；d_3 为一个簇覆盖的最大范围；ε_{fs} 为自由空间传播消耗功率；ε_{amp} 为多径传播消耗功率；E_{elec} 为发射和接收电路能耗。

簇成员节点的能耗分为三部分：接收本簇簇首的广播包能耗、发给本簇簇首的加入请求数据包能耗和接收本簇簇首发来的 TDMA 时间表能耗，表示为

$$bE_{elec}+b(E_{elec}+\varepsilon_{fs}d_1^2)+bE_{elec} \tag{6-15}$$

式中：d_1 为该节点到本簇簇首的距离。

另外，由以上分析，在成簇过程一轮的某个簇中，一个簇首在簇首竞选方面的能量消耗为：向网络中发送广播包的能耗；一个簇成员节点在竞选方面消耗的能量为接收本簇簇首的广播包能耗，分别用 E_1、E_2 表示为

$$E_1=b(E_{elec}+\varepsilon_{amp}d_4^4),E_2=bE_{elec} \tag{6-16}$$

由此，可以计算网络中某一轮中（m 个簇）簇首竞选所消耗的能量为

$$E_{content}=m(E_1+n_1E_2)=m[b(E_{elec}+\varepsilon_{amp}d_4^4)+bn_1E_{elec}] \tag{6-17}$$

可计算得到每个簇内的成员节点数目 n_1 为

$$E[n_1]=\int_0^{2\pi}\int_0^{\infty}e^{-\lambda_1\pi x^2}\lambda_0 x\mathrm{d}x\mathrm{d}\theta=\lambda_0/\lambda_1$$

另外，根据网络模型，节点在网络区域的分布是概率密度为 λ_0 的泊松分布，所以 d_1 的均值表示为：$E[d_1^2]=\int\int d_1^2\lambda_0\mathrm{d}x\mathrm{d}y=1/\pi\lambda_1$，能耗中以 $E[d_1^2]$ 代替

d_1^2作近似计算。

6.4.2 数据采集能耗

为降低簇首轮换的相对能耗开销，通常在每一轮的簇稳定阶段进行$r(r\geqslant 1)$次数据收集。数据收集阶段能耗分析如下。

簇首在网络数据收集阶段收集一次数据的能耗分为三部分：接收簇内节点发来的数据包能耗、融合数据包的能耗和转发数据包到基站的能耗，表示为

$$bE_{\text{elec}}n_1+bE_{\text{DA}}(n_1+1)+\alpha bn_1(E_{\text{elec}}+\varepsilon_{\text{amp}}d_2^4) \tag{6-18}$$

式中：d_2为该簇首到基站的距离。另外，在簇传输阶段，簇内一个成员节点的能耗为发送数据包到簇首消耗的能量，即

$$b(E_{\text{elec}}+\varepsilon_{\text{fs}}d_1^2) \tag{6-19}$$

基于上述公式，一轮中节点收集r次数据消耗的能量为

$$r[bE_{\text{elec}}n_1+bE_{\text{DA}}(n_1+1)+\alpha bn_1(E_{\text{elec}}+\varepsilon_{\text{amp}}d_2^4)+n_1b(E_{\text{elec}}+\varepsilon_{\text{fs}}d_1^2)] \tag{6-20}$$

由前述分析，网络分簇的某一轮中总能耗为所有节点在成簇阶段和数据收集阶段能耗之和，因此，一轮中网络分簇总能耗表示为

$$\begin{aligned}E_{\text{net}}=b\{&E_{\text{elec}}[4m+(2r+1+r\alpha)N-(2r+r\alpha)m]+\varepsilon_{\text{amp}}[md_4^4+r\alpha d_2^4(N-m)]\\&+\varepsilon_{\text{fs}}[md_3^2+md_1^2+r(N-m)d_1^2]+E_{\text{DA}}Nr\}\end{aligned} \tag{6-21}$$

6.4.3 能耗分析

基于前述对经典 LEACH 协议的分簇能耗建模，下面对分簇协议运行时一轮中簇首竞选能耗和不同节点能耗进行分析。

图 6-6 所示的为每一轮中簇首竞选能耗和分簇总能耗的关系。由图可见，通过适当增大数据收集次数r，簇首竞选能耗所占比例有较大的降低，即网络簇内的能量更多地用于数据收集，而不是消耗在簇首竞选阶段。但是过多的数据收集次数会造成节点能耗严重不均衡。所以r值的选取应该适中才能有利于能耗性能的改善。另外，分簇数目越多，簇首竞选能耗所占比例也逐渐增大。

图 6-7 所示的为一轮中簇首与成员节点的能耗差。由图可见，随着数据采集次数的增大，簇首与成员节点之间的能耗差逐渐增大，不平衡性加剧，这是因为簇首承担了大量的数据收集或融合任务，相对于成员节点能耗开销大。另外，随着分簇数目的增多，簇首与成员节点的能耗差缩小。这是因为分簇较多时节点能量消耗更均衡些，能耗差相应小一些。

基于以上能耗数学分析结果可知，节点自主竞争产生簇首存在能量消耗较

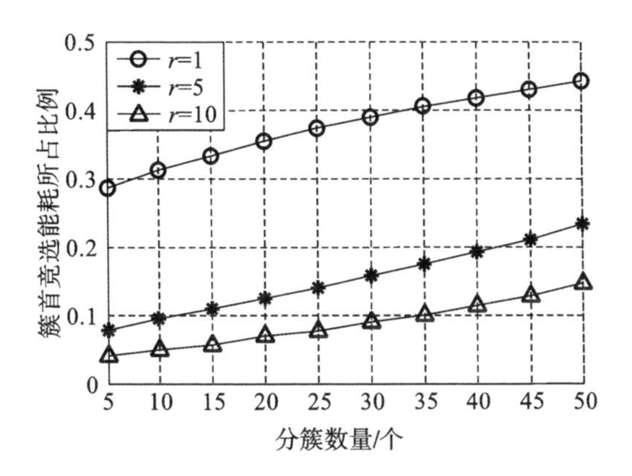

6-6　簇首竞选能耗所占比例和分簇总能耗的关系

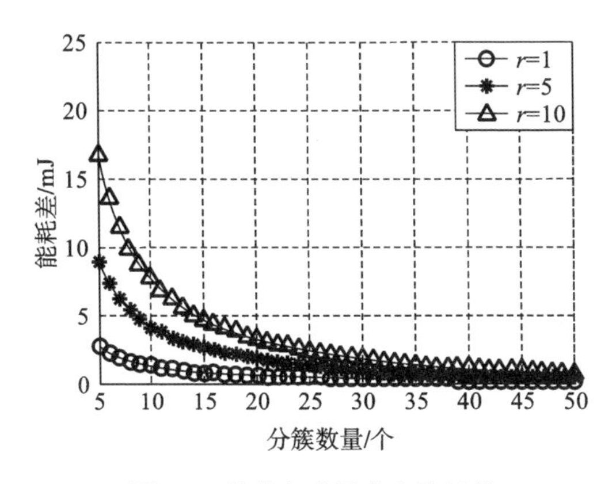

图 6-7　簇首与成员节点能耗差

多等问题，因为一个轮转周期的每一轮中节点都需要竞争簇首。为了降低簇首竞选所消耗的能量，并且更好地改善簇首与成员节点之间能耗的不均衡性，本书提出基于非竞争方式的簇首轮转方法，该算法在每个轮转周期中的第一轮分簇过程包括簇首竞选、成簇、TDMA 时隙分配和数据传输四个阶段，而后其余轮中分簇过程则简化为：簇首顺序轮换、TDMA 时隙分配和数据传输三个阶段，算法具体描述如下。

(1) 第一轮簇首竞选。

网络中每个节点首先建立自己的邻居表，然后通过竞争方式选举簇首，每个传感器节点随机选择 0～1 之间的随机数，如果该数小于阈值 $T(n)$，则这个节点成为簇首。

$$T(n)=\begin{cases}\dfrac{p}{1-p(r\bmod 1/p)}, & \forall\ n\in G\\ 0, & \forall\ n\notin G\end{cases}\tag{6-23}$$

式中：p 是簇首在网络节点中所占的百分比；r 是当前的轮数。

每个簇确定了簇首之后，簇首就向外发送广播信息，其他节点根据收到的广播信息的信号强度决定要加入的簇，并向簇首发送加入簇的请求。簇首收到请求后将节点加入自己的路由表，并基于 TDMA 的方式为它的每个成员分配通信时隙，然后将该表发送给所有簇内节点，并通知各自簇内的所有成员节点，第一轮中 TDMA 表确定的本簇内数据传输顺序作为后续轮中的簇首轮转顺序，本次轮转周期其余轮中都按照这个顺序让簇内其他成员节点依次担任其所属簇的簇首。

然后簇内节点按照 TDMA 表进行数据传输，即进入稳定工作阶段。簇首进行数据融合、转发簇内节点上传的数据，第一轮结束。

(2) 非竞争式簇首轮转。

在轮转周期的其余轮中，以及在分簇过程的以后每一轮中，每个簇不再竞选簇首，而都是按照第一轮建立的 TDMA 表的次序，每个簇依次序让下一个成员节点充当簇首，新簇首通过修改第一轮的 TDMA 时隙表，重新分配 TDMA 时隙，成员节点按照新的 TDMA 表时隙次序上传数据。然后，簇首进行数据融合、转发簇内节点上报的数据，一轮结束。

这样，基于非竞争方式的簇首竞选策略，每个轮转周期只竞选一次簇首，极大地减少了簇首竞选的次数，有效降低簇首轮换的能耗开销。

(3) 经过一个轮换周期，网络所有节点均当过一次簇首。然后按照第(1)、(2)步，如此一个一个轮换周期的反复循环。

基于前述的分簇协议能耗建模，按照优化的簇首轮转机制，改进协议，在一个轮转周期的总能耗为

$$\begin{aligned} E_{\text{total}} = & b(E_{\text{elec}} + \varepsilon_{\text{amp}} d_4^4) + bE_{\text{elec}} n_1 + b(E_{\text{elec}} + \varepsilon_{\text{fs}} d_3^2) + bE_{\text{elec}} \\ & + n_1[b(E_{\text{elec}} + \varepsilon_{\text{fs}} d_1^2) + bE_{\text{elec}}] + (N/m)r[bE_{\text{elec}} n_1 + bE_{\text{DA}}(n_1 + 1) \\ & + \alpha b n_1 (E_{\text{elec}} + \varepsilon_{\text{amp}} d_2^4) + n_1 b(E_{\text{elec}} + \varepsilon_{\text{fs}} d_1^2)] \end{aligned} \tag{6-24}$$

6.4.4 实验结果与分析

整个网络在分簇运行阶段的总能耗随时间变化的趋势如图 6-8 所示。由图可见，通过改进模型分析计算的分簇能耗与仿真结果比较接近，说明了模型的正确性。由于在经典分簇协议的网络分簇过程中不同节点的能耗存在较大的不均衡性，从而加速了部分网络节点的能量过早耗尽，所以仿真中的分簇总能耗比数学建模的能耗提前消耗完。

另外，改进模型的分簇能耗有明显的改善，验证了基于非竞争方式的簇首竞

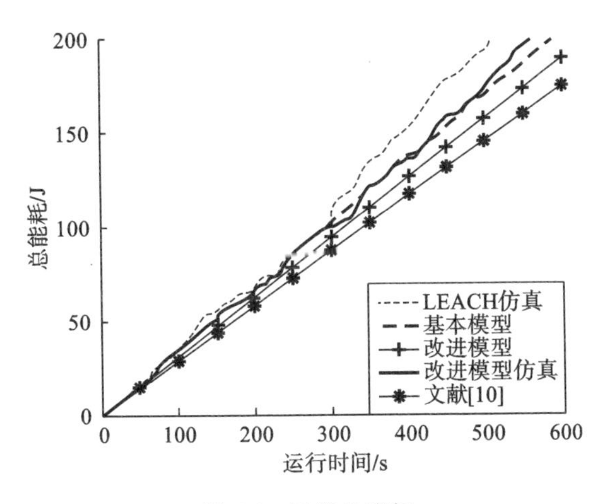

图 6-8　网络总能耗

选的能耗有效性。此外，与文献[10]的能耗模型相比较，基本模型和改进模型能耗都与协议仿真结果更接近，这是因为改进模型在网络能耗建模中对 WSNs 分簇过程进行了更加合理的能耗分析和建模。网络模型中节点分布方式采用泊松分布，考虑了数据融合比例因子对分簇能耗的影响，并对网络中的一些重要参数如簇内节点数量和成员节点到簇首的距离进行了合理分析。

基于前述的分簇能耗分析，下面对 LEACH 算法和非竞争式簇首轮转的改进分簇协议的性能做比较。选取 20 个轮转周期的能耗作为比较，如图 6-9 所示。

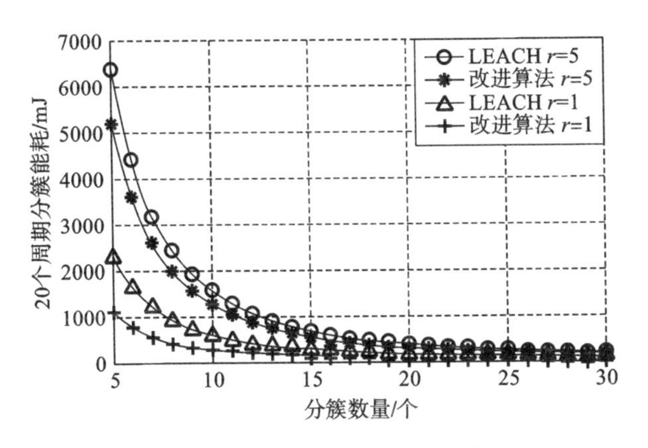

图 6-9　20 个周期分簇能耗比较

图 6-9 所示的是改进算法和 LEACH 算法在 20 个轮转周期中分簇能耗随着分簇数目变化趋势的比较。可以看出改进算法的分簇能耗明显降低。当分簇数量比较少时，改进算法的分簇能耗明显要低很多，但是随着分簇数量的增多，

两者的差距缩小，改进算法的优越性不明显。另外，随着数据收集次数 r 的增加，分簇能耗明显增加。这是因为改进算法只在一个轮转周期的第一轮竞选簇首，而在其余轮内采用非竞争方式的簇首轮转，从而极大地减少了竞选簇首的次数，从整体上改善了分簇协议的能耗性能。

第7章 数据融合技术

7.1 数据融合技术概述

无线传感器网络中传感器节点能量有限且密度较大造成相邻节点采集的数据具有很高的相似性，在传输数据时就会包含很多的冗余信息，不仅浪费了通信带宽，而且消耗了过多不必要的能量，从而加快网络的寿命终结速度。为了减少网络中传送的数据量，节省通信带宽，降低节点的能耗，在无线传感器网络中引进了数据融合技术，用于对冗余信息的处理。

7.1.1 数据融合技术的定义

无线传感器网络中的数据融合是指利用计算机技术对按时序获得的若干观测信息，在一定准则下加以自动分析、综合，以完成所需的决策和评估任务而进行的信息处理技术。目的是为了获得目标状态和特征估计，产生更精确、更可靠、更符合用户需要的有用信息，涉及系统、结构、应用、方法和理论。图 7-1 所示的为数据融合的一般处理模型的基本思想。

WSN 数据融合是指对网络中多个传感器节点采集到的信息，在规定的条件下进行多方面抽取、组合，使获得的融合信息能够更加精确地描述感知对象的情况。利用 WSN 数据融合得到的信息比单个传感器信息更完整、更可靠。图 7-2 所示的是多传感器信息融合层次化结构。

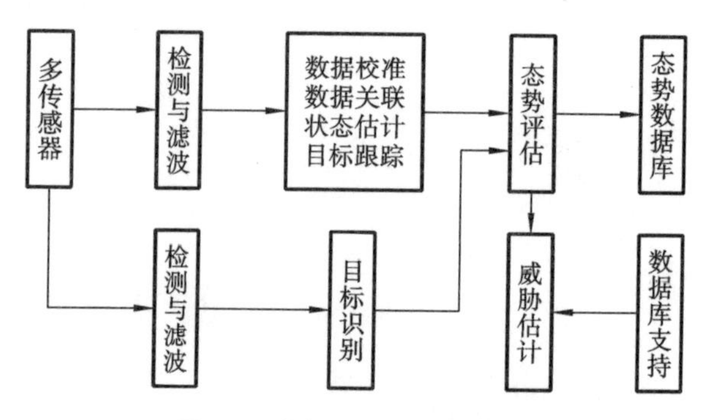

图 7-1 数据融合功能模型图

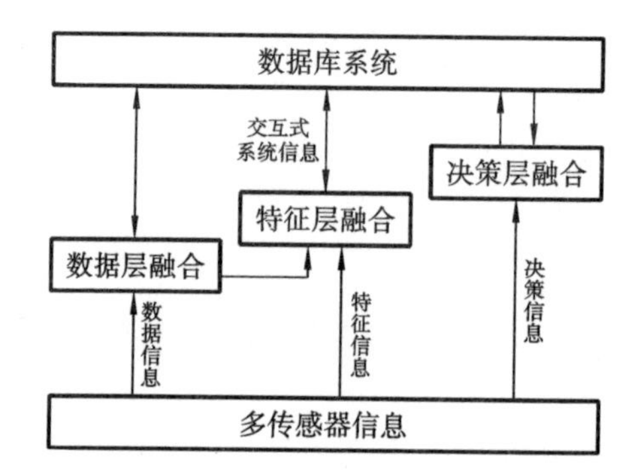

图 7-2 多传感器信息融合层次化结构

7.1.2 数据融合技术的分类

数据融合技术可以从不同的方面进行分类,根据处理信息方法的不同,可分为集中式和分布式;根据信息的抽象程度不同,可分为数据级融合、特征级融合和决策级融合。

(1) 根据融合信息处理方法的不同,数据融合系统可分为集中式结构和分布式结构。集中式结构的特征是各个传感器的数据都送到融合中心进行处理,如图 7-3 所示。这种方法的优点是实时性好,数据处理的精度高,可以实现空间和时间的融合。但该方法使融合中心的负荷大、数据传输量大、消耗的通信能耗较大,不适合大规模的传感器网络。在集中式数据融合中,所有的传感器节点把它们监测的数据包都沿着路由路径传送到控制中心,在中间的转发节点是不会进行数据融合的。当所有的数据传输到控制中心时,控制中心进行统一的数据融合。集中式融合适用于规模比较小及传感器节点没有足够计算能力的无线传感器网络。在该方案中,传感器节点不用执行复杂的数据融合算法,但是大量感知数据的产生,在传输时会造成大量的网络拥塞、数据包丢失和排队延迟等问

题，使整个网络的效率降低。

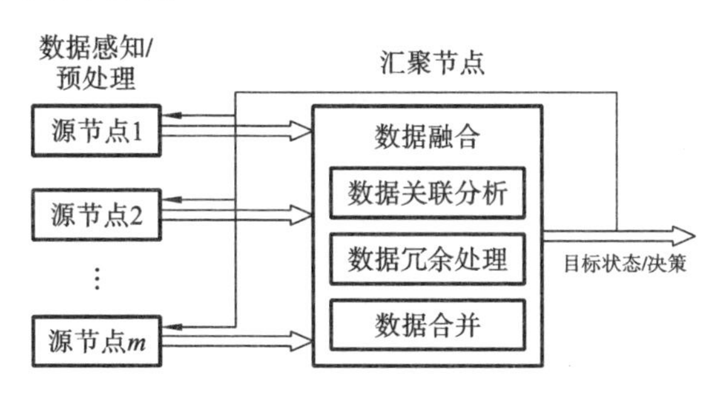

图 7-3　数据融合集中式结构

分布式结构中传感器节点先对本身采集的数据进行融合处理并把结果送至汇聚节点，汇聚节点再对这些局部的决策信息进行融合处理，如图 7-4 所示。与集中式结构不同之处在于，分布式处理对通信带宽要求低，计算速度快，扩展性好，适用于大规模网络，但其融合效率较低，增加了不确定性。比较典型且适用于无线传感器网络的分布式数据融合方法有基于树型结构的数据融合。控制中心收集数据时，可以通过反向建立传播树。分散各地的传感器节点感知数据，控制中心实时回收这些数据。当网络中某个传感器节点探测到突发事件时，各个节点的传送路径将组成一棵反向传播树，网络中每个中间节点在转发的同时，结合自己的数据进行数据融合，然后转发数据，这样数据量就会得到有效减少，对于一个给定数量且任意放置的无线传感器网络，可以将其数据传输的路由问题转化为最小生成树问题，但是由于根节点附近的节点会承受比较重的传输和融合任务，节点的能量消耗也会比较快[36]，所以数据融合需考虑能量平衡问题。

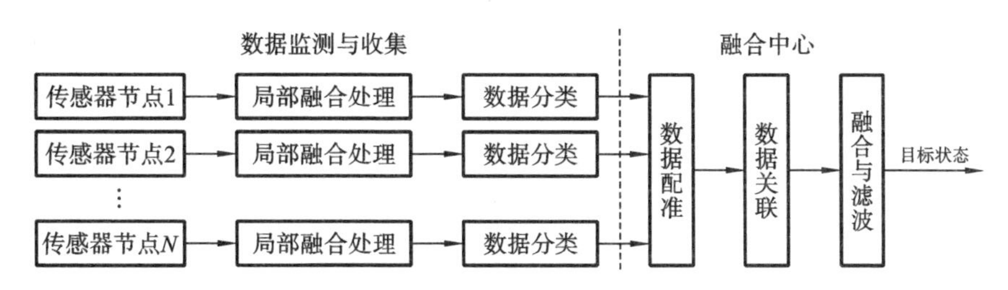

图 7-4　数据融合分布式结构

（2）根据数据融合的抽象程度，可划分为数据级融合、特征级融合和决策级融合。数据级融合是直接对传感器节点采集的原始数据进行一定的分析处理，是最底层的数据融合，如图 7-5 所示。

这种融合能够保持很多原始数据，可提供更详细的数据信息。但传感器节点的原始数据存在不确定性、不稳定性和不完全性，对数据融合的纠错能力要求很高。常用的方法有信号滤波、各种谱分析、小波分析等。

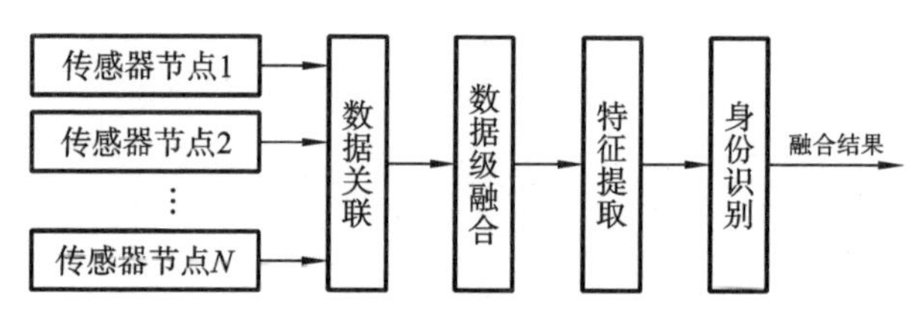

图 7-5　数据级融合过程

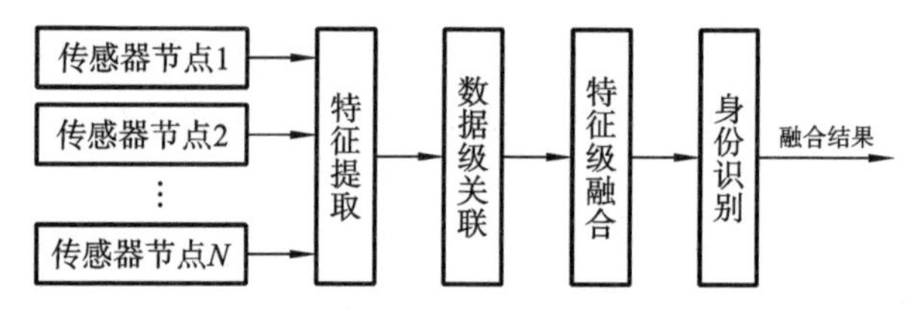

图 7-6　特征级融合过程

特征级融合是中间层次的融合，是通过一些特征提取手段对来自传感器节点的原始数据提取特征向量，以反映事物的属性，如图 7-6 所示。把检测层的数据融合结果和诊断知识的融合结果相结合，然后进行特征层的数据融合，从而实现故障诊断系统中的诊断功能。

决策级融合的信息不仅来源于特征层的数据融合结果，而且包括决策知识融合的结果，根据应用需求进行较高级的决策，是较高层次的数据融合，如图7-7所示。决策级融合是直接针对具体决策目标的，其结果对决策的水平有直接影响。

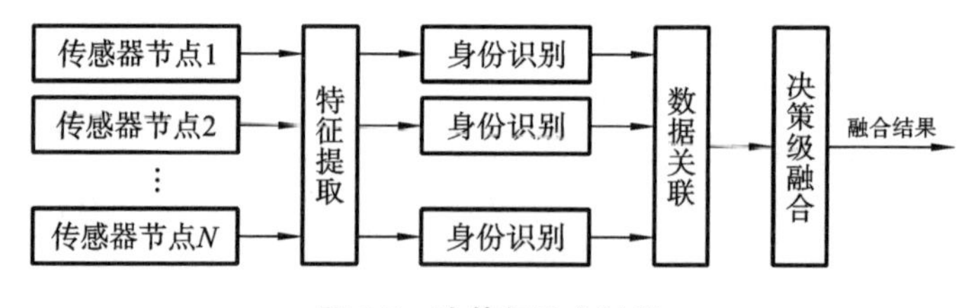

图 7-7　决策级融合过程

7.1.3　数据融合技术的作用

数据融合技术在 WSN 中已得到广泛的应用，并推动了它的发展，主要表现在降低整个网络的能量消耗、增强数据采集的准确性及提高数据的收集效率三个方面。

(1) 节省网络能量。为了保证整个无线传感器网络的可靠性和采集、感知信息的完整性，网络中通常部署了大量的传感器节点，节点分布比较密集，但是

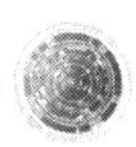

这样往往又会造成相邻节点监测的数据存在较高的冗余。在无线传感器网络中,能量主要消耗在传感器采集数据、处理采集的数据和无线通信传输上。其中,传输阶段消耗的能量要远远大于数据处理阶段消耗的能量。如果传输大量的冗余数据给汇聚节点就会浪费很多网络中的能量,此时数据融合技术被引入WSN中用于对冗余数据进行处理,从而减少数据传输量,达到降低网络能量消耗的目的。

(2)提高信息采集的准确性。无线传感器网络是应用性的网络,不同的应用环境使节点监测的信息不够可信,主要源于以下几点:由于传感器节点的体积比较微型,又受到节点成本价格的影响,节点内部的传感器件精度不高。节点在传送数据时,数据信息会受到无线信道中其他信号的干扰造成一定的损坏。由于无线传感器网络部署的环境比较恶劣,对节点的功能部件影响较大,还会对传送的数据造成一定的影响,可能使节点不能正常工作而监测到不准确的数据。因此,对同一块区域内的多个传感器节点采集的信息进行融合处理,可以获得较高精度的信息,就能有效地提高监测数据的可信度和准确度。

(3)提高数据的收集效率。将数据融合技术引入WSN中处理数据中的冗余信息,减少网络中的通信量,提高无线信道的利用率,从而提高网络数据的收集效率。

7.2 一种基于最大-最小贴近度的簇内数据融合机制

7.2.1 系统模型和能耗分析

无线传感器网络广泛应用于一些复杂环境以完成传统计算机网络难以胜任的特殊任务,如战场监控、环境监测、空间探索等。在这些应用中,由于单个节点的监测范围和可靠性都是有限的,因此,在部署网络时,需要使传感器达到一定的密度以增强整个网络的鲁棒性和监测信息的准确性。由于无线传感器网络测得的数据在相邻的时间和空间上具有不同程度的相似性,进而信息在传输过程中产生冗余,造成节点能量被大量浪费;另外,对于某些应用,用户往往并不需要传感器节点监测到的全部原始数据,而只对其监测结果感兴趣。因此,通过在融合收集的数据以减少通信数据量,能有效降低能耗延长网络生命周期。

对于数据融合,文献[3]证明了数据融合的最小时间问题是一个NP难问题。文献[4]给出了一个分布式的数据融合调度算法,其利用压缩数据与未压缩数据之间的相关性进行数据的解压，但是该算法主要存在的问题是数据收集过程的延迟较大，且能效比不高。文献[5]提出一种基于曲线拟合技术的流数据的压缩传输方法，对传感器节点采集到的数据进行压缩，再在基站进行数据还原，不足之处在于：没有充分考虑到传感器节点采集数据的时间相关性，导致发送大量的冗余数据，造成了能量的浪费。

本书在适当调整节点分布密度和相应的最优分簇数目的基础上，提出一种基于最大-最小贴近度的簇内融合机制，用以解决数据收集与融合过程中的冲突问题，降低节点的能耗。

定义 1 设 WSNs 节点总数为 N，节点以密度为 λ 的泊松分布过程分布在 $a\times a$ 的正方形二维空间内，节点位置固定，簇首密度为 λ_1，成员节点的密度为 λ_0，则 $\lambda_1=p\lambda$，$\lambda_0=(1-p)\lambda$，$p=k/n$。网络共形成 k 个大小不等的簇，簇首位于所在簇的中心，基站位于网络区域之外。

节点采用一跳式路由算法。每个簇成员节点在一个时间片内采集发送的数据为 1 b，融合 1 b 数据消耗的能量为 E_{DA}，簇成员节点发送给簇首的每个数据包的大小为 b 比特。

LEACH 算法中，总能耗包括簇首的能耗和成员节点的能耗。簇首在本簇中的耗能分为：广播包的能耗、接收簇内节点发来的加入消息能耗和发送 TDMA 表到簇内节点的能耗；而在数据传输阶段，它还需要接收簇内节点发来的数据包能耗、融合数据包的能耗和转发到基站的能耗。因此，簇首节点的总能耗为

$$\begin{aligned}E_{\mathrm{head}}=&b(E_{\mathrm{elec}}+\varepsilon_{\mathrm{amp}}d_4^4)+bE_{\mathrm{elec}}n_1+b(E_{\mathrm{elec}}+\varepsilon_{\mathrm{fs}}d_3^2)\ bE_{\mathrm{elec}}n_1\\&+bE_{\mathrm{DA}}(n_1+1)+b(E_{\mathrm{elec}}+\varepsilon_{\mathrm{amp}}d_2^4)\end{aligned} \tag{7-1}$$

式中：n_1 为本簇内节点总数（包括本簇簇首）；d_4 为网络的覆盖范围；d_3 为一个簇覆盖的最大范围；d_2 为该簇首到基站的距离。

簇内成员节点的能耗则主要为：接收本簇簇首的广播包能耗、发给本簇簇首的加入请求数据包能耗和接收本簇簇首发来的 TDMA 时间表能耗，以及在簇传输阶段簇内成员节点的能耗和为发送数据包到簇首消耗的能量，表示如下：

$$E_{\mathrm{node}}=bE_{\mathrm{elec}}+b(E_{\mathrm{elec}}+\varepsilon_{\mathrm{fs}}d_1^2)+bE_{\mathrm{elec}}+b(E_{\mathrm{elec}}+\varepsilon_{\mathrm{fs}}d_1^2) \tag{7-2}$$

由上可得每个簇在一个周期内的能耗为

$$E_{\mathrm{cluster}}=E_{\mathrm{head}}+n_1E_{\mathrm{node}} \tag{7-3}$$

那么网络中分簇协议的总能耗为

$$E_{\mathrm{net}}=m(E_{\mathrm{head}}+n_1E_{\mathrm{node}}) \tag{7-4}$$

于是，有

$$\begin{aligned}E_{\mathrm{net}}=&mb[E_{\mathrm{elec}}(3+6n_1)+\varepsilon_{\mathrm{amp}}(d_4^4+d_2^4)\\&+\varepsilon_{\mathrm{fs}}(d_3^2+2n_1d_1^2)+E_{\mathrm{DA}}(n_1+1)]\end{aligned} \tag{7-5}$$

每个簇内的成员节点数目 n_1 为

$$E[n_1]=\int_0^{2\pi}\int_0^{\infty}\mathrm{e}^{-\lambda_1\pi x^2}\lambda_0 x\mathrm{d}x\mathrm{d}\theta=\lambda_0/\lambda_1 \tag{7-6}$$

一般而言，节点在网络区域分布是概率密度为 λ_0 的泊松分布，所以 d_1 的均值为：$E[d_1^2]=\iint d_1^2\lambda_0\mathrm{d}x\mathrm{d}y=1/\pi\lambda_1$，能耗中以 $E[d_1^2]$代替 d_1^2 作近似计算. 将 n_1 和 $E[d_1^2]$代入式(7-5)后得到：

$$E_{\text{net}}=b[E_{\text{elec}}(6N-3m)+\varepsilon_{\text{amp}}m(d_4^4+d_2^4)+\varepsilon_{\text{fs}}(2N-m)N/(\pi m\lambda)+E_{\text{DA}}N] \tag{7-7}$$

求 E_{net} 取最小值时所对应的簇首数 m，即为最佳簇首数，所以式(7-7)对 m 求一阶导数则可以得出最佳的成簇个数。令 $\frac{\mathrm{d}E_{\text{net}}}{\mathrm{d}m}=0$，得到：$-3E_{\text{elec}}+\varepsilon_{\text{amp}}(d_4^4+d_2^4)-\varepsilon_{\text{fs}}2N^2/(\pi\lambda m^2)=0$，求得：

$$m=\sqrt{\frac{\varepsilon_{\text{fs}}2N^2}{\pi\lambda[\varepsilon_{\text{amp}}(d_4^4+d_2^4)-3E_{\text{elec}}]}} \tag{7-8}$$

由式(7-8)可以看出，对于特定区域及特定的传感器节点，当参数 E_{elec}、ε_{fs}、ε_{amp}、d_2、d_4 已知，则最优的簇首数由节点总数、泊松分布密度决定。

7.2.2 簇内数据融合算法

在无线传感器网络中，由于受周围环境的干扰或者出现故障，节点可能会出现数据采集误差较大的情况。在这种情况下，如果不对这种数据进行甄别而直接发送至簇首，则很有可能导致在簇首汇集其他簇内节点的数据后进行融合时出现非常大的误差。因此，考虑到簇内节点对环境的监测数据存在一定的空间相关性，簇内节点将采集结果传送给簇首之后，进行数据的相关校验后再进行数据融合。本书提出了一种基于最大-最小贴近度的簇内数据融合算法。

一般来说，传感器节点采集的数据可假定为是服从正态分布的[7]，可以根据簇内节点采集的数据来计算出均值的置信区间。考虑到簇内节点往往分布在邻近区域，其采集的数据具有一定的空间相关性，对簇内成员节点的融合数据可首先根据置信空间来进行校验。如果其值在置信区间范围内，则可认为该数据有效并将该数据发送给簇首；如果不在置信空间范围内，则可判定数据采集过程中可能出现了较大误差，该数据将不发送至簇首。

定义 2 假设环境中用 n_1 个传感器对同一指标参数从不同方位测量，不同节点得到的所测数据相差越小，则表示它们之间的观测值支持程度越高。

设在 k 时刻第 i 个传感器所测数据为 $x_i(k)$，其中 $i=1,2,\cdots,n_1$，其服从正态分布 $N(\mu,\sigma^2)$。

均值：

$$\overline{X}=\frac{x_1+x_2+\cdots+x_{n_1}}{n_1}=\frac{\sum_{i=1}^{n_1}x_i}{n_1} \tag{7-9}$$

方差：

$$S=\sqrt{\frac{1}{n_1-1}\sum_{i=1}^{n_1}(x_i-\overline{X})^2} \tag{7-10}$$

于是，μ 的一个置信水平为 $1-\alpha$ 的置信空间 $(\overline{x}\pm\frac{S}{\sqrt{n}}t_{\alpha/2}(n_1-1))$，将簇内节点采集的数据与该置信空间进行比较，无效的数据将被舍弃。用 n_0 表示簇内数据有效节点数，有 $n_0\leqslant n_1$。

在进行初次筛选后，剩余节点采集的数据将按照一定的方法进行数据融合。我们视各传感器的测量值为一个模糊集合，在基于模糊理论进行数据融合的过程中，融合结果为 $\hat{x}(k)=\sum_{i=1}^{n}W_i(k)x_i(k)$，其中 $x_i(k)$ 为各传感器节点的观测值，$W_i(k)$ 为权重。这里，最为关键的就是确定每个传感器节点所获得的数据的权重系数。

根据模糊数学理论，可以采用贴近度来度量两个模糊集合之间的相近程度。在本书中，为了度量各传感器在同一时刻观测值之间的支持程度，我们使用模糊数学中的最大-最小贴近度[8]来衡量。

定义 3　设在 k 时刻簇成员节点 i 采集的数据记为 $x_i(k)$，簇成员节点 j 采集的数据记为 $x_j(k)$，则在该时刻两传感器数据的贴近度为 $s_{i,j}=\min\{x_i(k),x_j(k)\}/\max\{x_i(k),x_j(k)\}$，$1\leqslant i,j\leqslant n_0$。

最大-最小贴近度计算公式是模糊数学中测度贴近度的计算方法，计算贴近度的方法还有海明贴近度与欧几里得贴近度，但是这两种计算方法涉及积分运算，计算复杂度较高，不适合无线传感器网络的要求。整个计算过程中没有出现高次方程求解，计算复杂度为 $O(n)$。

定义 4　用可信度矩阵 $\boldsymbol{s}_n(k)$ 来表示传感器节点的观测值较其他节点的偏离情况：

$$\boldsymbol{s}_n(k)=\begin{bmatrix} 1 & s_{12}(k) & \cdots & s_{1n}(k) \\ s_{21}(k) & 1 & \cdots & s_{2n}(k) \\ \vdots & \vdots & & \vdots \\ s_{n1}(k) & s_{n2}(k) & \cdots & 1 \end{bmatrix}$$

其中，$\sum_{j=1}^{n}s_{ij}(k)$ 的值可以反映出某单个传感器节点与其他节点的观测值是

否接近。如该值越大，表明在时刻 k 传感器节点 i 的观测值与其他所有节点的观测值较为接近；反之，则表示该节点的测量值与其他节点相比偏离较大；对角线为 1，表示节点自身之间是完全贴近的。

定义 5 用一致性测度 $r_i(k)=\sum_{j=1}^{n}s_{ij}(k)/n$ 来反映时刻 k 传感器节点 i 的观测值与所有传感器节点观测值的贴近程度。

要反映传感器的可靠性，需要通过对所有观测时刻的一致性度量进行统计，因此，这里我们运用统计理论中样本均值和方差这两个概念来研究不同时刻一致性度量序列蕴涵的可靠性信息，从而评估整个观测区间的可靠性。

均值：

$$\bar{r}_i(k)=\sum_{i=1}^{k}r_i(t)/k \tag{7-11}$$

方差：

$$\sigma_i^2(k)=\frac{1}{k}\sum_{t=1}^{k}[\bar{r}_i(t)-r_i(t)]^2 \tag{7-12}$$

设时刻 k 传感器 i 的观测值的加权系数为 $\omega_i(k)$，该值与均值 $\bar{r}_i(k)$ 正相关，而与方差 $\sigma_i^2(k)$ 负相关。因此，可以定义加权系数为均值与方差之比 $\omega_i(k)=\bar{r}_i(k)/\sigma_i^2(k)$。

最后，进行归一化处理，$W_i(k)=\omega_i(k)/\sum_{j=1}^{n_0}\omega_i(k)$，$i=1,2,\cdots,n_0$。因此，数据融合的输出结果为

$$\hat{x}(k)=\sum_{i=1}^{n_0}W_i(k)x_i(k)=\sum_{i=1}^{n_0}\frac{\bar{r}_i(k)/\sigma_i^2(k)}{\sum_{j=1}^{n_0}\bar{r}_j(k)/\sigma_j^2(k)}x_i(k)$$

7.2.3 调度算法

假设在同一个融合簇的传感器节点是能相互通信的，因此簇内的每一个节点都可以将自己所采集到的数据或者判断结果以广播的形式传送给簇内其他节点，承担簇首功能的节点拥有簇内其他节点所采集的数据，并作出相应的判断。

为了减少通信带来的能量消耗，传感器节点可以采用一定的调度算法，只在必要的时候才发送相关的数据和广播。数据融合调度是把时间分片，然后根据节点在上一轮的表现确定分配时间片的大小。时间片决定节点发送数据的时间长短，当节点不发送也不接收数据时，应该关闭其收发器进入睡眠状态。

在前面我们提出的最大-最小贴近度的簇内数据融合算法中，提到簇内节点

采集的数据与该置信空间进行比较，无效的数据将被舍弃。对于舍弃数据的节点，有可能是节点故障或传输时出现了干扰信号，在下一轮可以暂时将其休眠，不参与数据融合；如果在下一个数据采集周期，再次出现采集的数据依然出现了较大的误差，将使用指数时间休眠。具体的算法步骤如下：

（1）设置初始时间片为 TS=1，k 取值为 0，所有的节点准备被调度。

（2）对于簇内每一个被调度节点 i，将数据发送至簇首并等待 ACK 确认消息。

（3）簇首收集完簇内所有节点的数据后，计算置信空间（$\bar{x}\pm\frac{S}{\sqrt{n}}t_{\alpha/2}(n_1-1)$），然后将各节点采集的数据与之进行比较。

（4）对于数据不在置信空间范围内的节点，根据 k 值确定其是否被调度进入休眠状态，若 k 值为 0，表示该节点以前从未进入休眠状态，它将在下一轮进入休眠状态；否则，表示该节点曾经进入休眠状态，将其休眠轮数设置为 2^k 轮，该节点采集的数据重复出现较大的误差，按指数时间休眠。

（5）发送 ACK 至所有簇内节点，并通知哪些节点在下一轮进入休眠状态和休眠轮数。

（6）计算融合结果 $\hat{x}(k)$，并转发给 sink 节点。

7.2.4 实验结果与分析

取其中一个簇进行分析，假设簇内成员节点数为 8，采集的数据（$x_1,x_2,\cdots,x_8$）为（24.35，25.10，25.60，26.14，26.62，26.05，24.96，25.82），求得均值 $\overline{X}$ 为 25.58，方差为 $S=0.737$，置信水平为 0.95，即 $\alpha/2=0.0025$，通过查 t 分布表知 $t_{0.0025}(7)=2.365$，则总体均值 μ 的一个置信水平为 0.95 的置信区间为（24.96，26.20）。进行校验后，则认定 x_1，x_5 为无效数据，簇首在数据融合之前将丢弃。然后根据我们提出的最大-最小贴近度进行计算，求得数据融合的输出结果 $\hat{x}(k)=25.68$，这也是簇首将要发送给汇聚节点的数据。

另外，从网络中能量消耗的角度将本算法（MMA）与 LEACH 算法进行了对比。从图 7-8 所示的结果中可以看到，改进的数据融合算法在同一时间段内网络中所有节点的能量消耗大概要降低 25%左右。不过对于某段时间来说，能量消耗并没有明显减少，特别是在初始阶段，此时因为要进行最优分簇，簇首节点要进行置信区间的计算，并根据结果通知不可信节点休眠间隔等均要产生较大的能耗。另外，如果可排除节点较少，则进入休眠状态的节点数减少，整个网络的节点总能耗也表现出持续线性增长。

图 7-9 给出了节点的存活个数与时间的关系。从图 7-9 可以看出，原来的

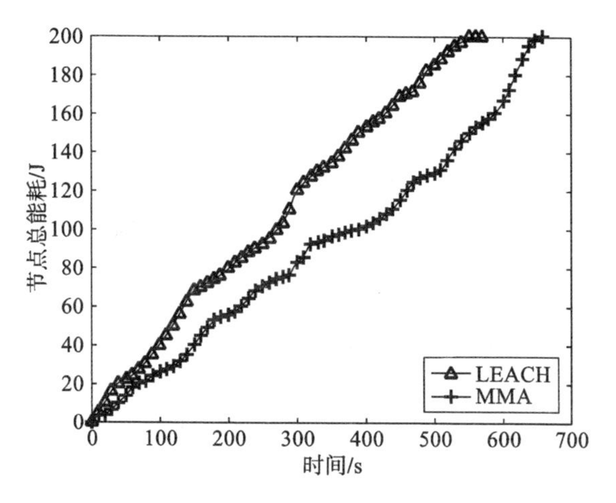

图 7-8　不同数据融合算法网络能耗对比

网络中出现第一个节点死亡的时间大概是在 380 s，定义整个无线传感器网络的生命周期为：以网络中出现第一个传感器节点死亡的时间点，那么其网络生命周期就为 410 s；使用改进的数据融合算法，生命周期为 500 s，通过比较可以看出改进后的数据融合算法能够延长网络的生命周期大概 30%左右。在 LEACH 算法中，传感器网络在 510 s 左右的时间所有节点几乎全部消亡；而在使用了改进的数据融合算法之后，这一时间推迟到 610 s。

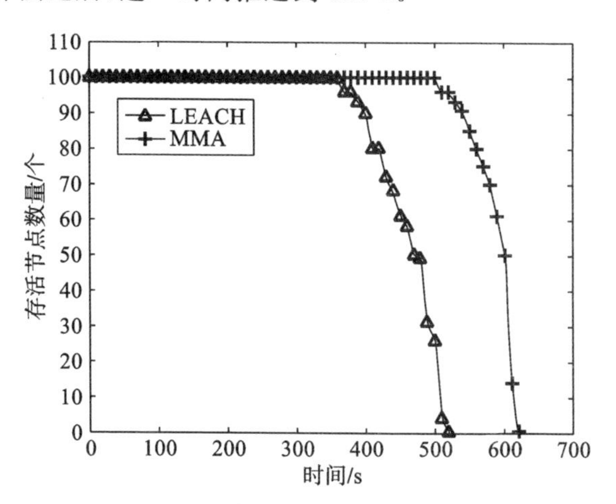

图 7-9　不同数据融合算法的生命周期比较

如何有效地去除邻近节点采集的冗余数据并对有用数据进行有效融合以适应传感器网络资源受限的现状，是传感器网络发展所面临的一大挑战。本书在适当调整节点分布密度和相应的最优分簇数目的基础上，提出一种基于最大-最小贴近度的簇内融合机制，用以解决数据收集与融合过程中误差较大的数据对

融合结果的影响，并通过适当的调度算法，降低节点的能耗，延长了网络的生命周期。

7.3 基于移动 sink 的无线传感器网络数据采集方案

在无线传感器网络中，节点将所采集的数据通过某种方式集中起来，再将这些数据通过外部网络传输给用户，从而实现对节点部署区域的监测。根据路由模式选择的不同，数据收集可分为单跳收集和多跳转发。研究表明，对于长距离的无线通信，超线性路径损耗会消耗大量的能量，对于电池电量有限且不易补充的传感器节点而言，网络性能会受到很大影响；多跳转发在一定程度上减少了通信上的能量消耗，但是距离 sink 较近的节点由于承担更多的转发任务使得与其他节点相比转发所消耗的能量更多，能耗不均衡往往容易引起能量空洞、网络分割等问题。

研究表明，移动 sink 节点充当数据收集器能够大大缩短节点到 sink 的通信路径，而 sink 位置的不断变化使负载能够被分担给更多节点，从而实现网络能耗的均衡，也利于节点分布稀疏的网络中采用存储—携带—转发的数据收集方式。基于移动 sink 节点的数据收集方案，能够有效减少静态节点的能量消耗，使传感器节点的能量消耗在全网更均衡。但 sink 节点的移动性也会使得数据收集产生一定的数据延迟，另外在可靠传输、移动路径规划等方面还需要深入细致的研究。

7.3.1 系统模型与问题描述

本书采用平面网络区域对问题进行分析，假设传感器节点随机部署在 $M\times M$ 的正方形区域内，形成一个自组织的网络拓扑，并满足以下条件：

(1) 所有的传感器节点是静止的、具有唯一标识；

(2) 所有节点均具有同样的通信半径 r 以及初始能量 E_0；

(3) sink 节点具有移动性，可控制移动方向和速度；

(4) sink 节点不受能量限制，网络中的传感器节点能量有限且无法补充；

(5) 为了降低远距离传输导致的较高传输开销，节点可通过多跳方式转发数据包至目的节点。

如图 7-10 所示，sink 节点根据规划的路径在网络中移动并定位，驻留点为选取的可与 sink 节点直接通信的节点，其他节点需要通过多跳方式将数据发送

给临近的驻留点进行数据汇总。当 sink 节点还未移动到通信范围内前，RN 节点可先将数据放入缓存，待其进入通信范围内再进行数据传输。

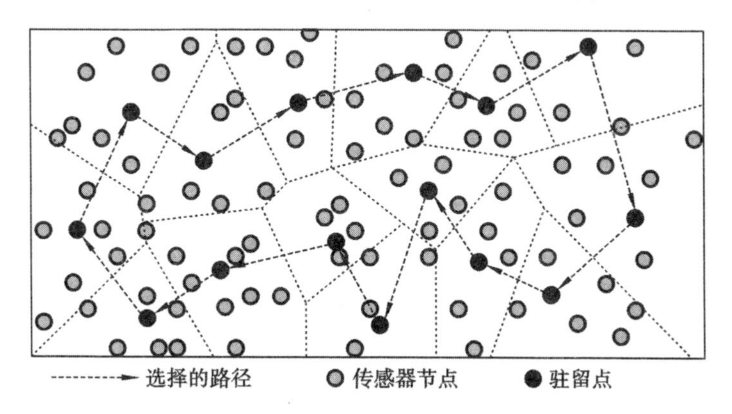

图 7-10　基于移动 sink 节点的数据收集过程

根据能耗模型，对于 n 个节点进行数据发送和接收，在每一轮中的能耗可以表示为

$$E_{\text{total}} = \sum_{i=1}^{n} (e_{\text{tr}} k_{\text{t}}^{i} + e_{\text{rec}} k_{\text{r}}^{i}) \tag{7-13}$$

式中：e_{tr} 和 e_{rec} 分别为单位数据发送或接收所消耗的能量；k_{r}^{i} 和 k_{t}^{i} 则为在节点 i 处接收和发送时的数据量。

假设所有节点在每轮的监测过程中生成的数据量为 q，节点 i 接收并转发的来自其他节点的数据量为 k_{r}^{i}，不考虑节点内部的数据融合，则该节点所要发送的数据量 k_{t}^{i} 可以表示为：$k_{\text{t}}^{i} = k_{\text{r}}^{i} + q$。如果节点 i 至 sink 节点的最小跳数为 h_i，则网络中数据传输的能耗与传输的跳数可以建立以下关系：

$$\sum_{i=1}^{n} k_{\text{r}}^{i} = \sum_{i=1}^{n} h_i q \tag{7-14}$$

于是，网络运行一轮的整体能耗可以表示为

$$E_{\text{total}} = \sum_{i=1}^{n} (e_{\text{tr}} k_{t}^{i} + e_{\text{rec}} k_{r}^{i}) = \sum_{i=1}^{n} [e_{\text{tr}} (k_{\text{r}}^{i} + q) + e_{\text{rec}} k_{\text{r}}^{i}] = q\left[n e_{\text{tr}} + \sum_{i=1}^{n} (e_{\text{tr}} + e_{\text{rec}}) h_i\right] \tag{7-15}$$

可以分析得出，当实现所有节点跳数之和的最小化时，全网整体能耗最低。而跳数又与节点到 sink 节点的距离正相关。因此，移动 sink 节点的路径选择是否合适直接关系到网络的整体能耗的大小。

7.3.2　时延受限的数据收集策略

根据前面的分析，为了实现时延要求和最小化网络整体能耗，需要对无线传感器网络中 sink 节点的移动轨迹进行优化，在考虑延迟受限条件下求解最优 sink 节点移动路径以降低全网整体能耗。针对上述问题，本书将时延受限的数据收集策略分为两个步骤：首先，在满足时延要求以及网络整体能耗优化为目标，对移动 sink 节点路径优化过程中的最佳驻留点集合进行求解；然后，提出了一种基于虚拟点优先级的移动 sink 节点路径优化选择方法，得到移动 sink 节点经过驻留点的最短路径。

对于给定的一个传感器节点集合 $S=\{s_1,s_2,\cdots,s_n\}$，RN 节点位置集合 $\Omega=\{\omega_1,\omega_2,\cdots,\omega_m\}$。从给定信息中可构造出一幅无向图 $G=\{V,E\}$，其中 $V=S\cup\Omega$ 为节点集合，E 为所有边的集合。求解驻留点问题可以转化为对于无向图 $G=\{V,E\}$ 构造一个数据收集路径集合 $P_s(G)$，对于任意节点 i 满足以下条件：到中继节点 $K(i)$ 的跳数 h_i 在限定值 H 以内，且网络整体总能耗最优。

令 $P_i=\{p_{i,1},p_{i,2},\cdots,p_{i,k_i}\}(1\leqslant i\leqslant n)$ 为从传感器节点 s_i 到最近中继节点集的所有 k_i 条通路的集合，其中 $p_{i,j}$ 为第 $j(1\leqslant j\leqslant k_i)$ 条连接传感器节点 s_i 与最近中继节点的通路。

至此，可表述为一个最优化问题：

$$\min_{P\in P_s(G)} E_{\text{total}}(P) \tag{7-16}$$

$$\begin{aligned}
\text{s.t.}\quad & \forall P_i\in P(1\leqslant i\leqslant n)\\
& \exists p_{i,j}\in P(1\leqslant j\leqslant |P_i|),\operatorname{dist}(i,j)+\operatorname{dist}(j,\omega(i))\leqslant Hr\\
& \max_{i=1,2,\cdots,n}\{h(i,\omega(i))\}\leqslant H
\end{aligned}$$

其中，$\operatorname{dist}(i,j)$ 表示 i 与 j 之间的欧氏距离；$\omega(i)$ 为节点 i 选择的多跳路径的中继节点，$h(i,\omega(i))$ 为节点 i 到所属中继节点的跳数；r 表示传感器节点的通信半径。对于路径 P_i 上的任意节点 j，到 i 的通路与到 $\omega(i)$ 的通路的跳数之和不超过 H；由于任意相邻的两个节点之间的欧氏距离不超过 r，因此从 j 到 i 与从 j 到 $\omega(i)$ 的距离之和不超过 Hr。

依据线性结构使网络整体能量消耗最小的特征，通过最近机制贪婪准则、节点数据转发的最大跳数等限制条件降低能量消耗，设计算法如下。

算法 1：求解驻留点集

Input：The sensor nodes set S，the threshold of maximum hops H，and the transmission radius r；

Output：The set of rendezvous points Ω；

1：$\Omega=\varnothing$，$P_{\text{total}}=0$；

2：for each node $s_i\in S$ then

3：$\operatorname{tag}(i)=0$；

4：if $\operatorname{dist}(i,\text{sink})\leqslant r$ then

5：$\mathrm{tag}(i)=1$；$s_i \rightarrow \mathrm{tmpRN}$；

6：end if

7：end for

8：for each node $s_j \in \mathrm{tmpRN}$ then

9：if $P(\mathrm{dist}(i,j)+\mathrm{dist}(j,\omega(i))) \leqslant Hr$ && $\mathrm{tag}(i)=0$ then

10：$\mathrm{tag}(i)=-1$；

11：obtain the path $p_{i,j}$ between the node s_i and the temporary RN s_j；

12：end if

13：while (tmpRN≠Null) do

14：$s_k = \arg\min_{s_k \in \Omega}\{\sum_{i \in \mathrm{childSet}(k)} h(i,s_k)/|\mathrm{childSet}(k)|\}$；

15：$s_k \rightarrow \Omega$；

16：$P_{\mathrm{total}} += \sum_{i \in \mathrm{childSet}(k)} P_{\mathrm{total}}(i)$；

17：for each node $s_i \in \Omega$ then

18：search for all nodes with $H+1$ hops and tag=0

19：add to tmpRN and set tag=1；

20：if tmpRN=$\varnothing$ then break；

21：end for

22：end while

23：end for

24：return Ω；

算法中，所有节点设置标识符 tag，取值－1，0，1，分别表示为叶子节点、不确定节点和汇聚节点等三种状态。首先，从离 sink 节点最近的通信半径为 r 的范围内选择候选驻留点，每个驻留点将满足最大跳数条件范围内的节点加入自己的子节点集。再比较各驻留点的路径跳数总和与子节点个数，选择具有最小值的候选驻留点加入驻留点集合 Ω 中，并计算以该驻留点为数据融合节点的所有子节点发送数据可能消耗的能量。对于驻留点集合 Ω 中的所有节点，查找最大跳数范围外的节点，根据贪婪准则寻找满足整体能量消耗最低的驻留点，最终得到最优驻留点集合 Ω 的近似解。

7.3.3 优化路径选择算法

驻留点位置确定后，还要根据路径地理位置对全网能耗的影响，来进行 sink 节点路径选择。算法 2 给出了基于优先级的 sink 节点移动轨迹优化选择算法，主要思想为：根据驻留点集合，对驻留点集合进行 TSP 问题求解，最终得到最优闭合轨迹。以 sink 节点起始位置不断循环遍历所有驻留点，在每次循环过程中，计算各驻留点优先级，在总延迟不超出上限阈值 ε 条件下，选取优先级最高的驻留点作为 sink 节点的访问节点。

驻留点优先级定义为

$$\mathrm{PRI}(s_i)=\frac{\sum_{s_i\in\Omega-\Psi}h(i,\omega(i))-\sum_{s_i\in(\Omega-\Psi)\cup\{x\}}h(i,\omega(i))}{\mathrm{TSP}((\Omega-\Psi)\cup\{x\})-\mathrm{TSP}(\Omega-\Psi)} \tag{7-17}$$

式中：Ψ 为 sink 节点移动过程中已访问的驻留点集合；$\sum_{s_i\in\Omega-\Psi}h(i,\omega(i))$ 为集合 $\Omega-\Psi$ 中的节点到其临近驻留点集合中任意一个成员节点的跳数之和；函数 TSP( )为驻留点集合中所有节点的闭合路径的最短长度，可以采用最短路径算法求解。显然，在驻留点优先级表达式中，分子代表集合中所增加节点 s_i 从能耗角度来看带来的收益，而分母则代表增加节点从路径长度角度看所增加的成本。

基于驻留点优先级的优化路径选择算法表述如下

算法 2：基于驻留点优先级的优化路径选择

Input：The sensor nodes set S，the set of rendezvous points Ω；

Output：The optimal path P_{sink}；

1：$\Psi=\varnothing$；

2：while ($\Omega-\Psi\neq\varnothing$)do

3：for each node $s_i\in\Omega$ then

4：if dist(s_i，sink)$\leqslant r$ then

5：将节点放入集合 tempRD；

6：end if

7：end for

8：for each node $s_i\in$ tempRD then

9：$s_k=$ argmax $\{\mathrm{PRI}(s_i)\}$；

10：if TSP($\Psi\cup s_k$)/$v_{\text{sink}}\geqslant\varepsilon$ then break；

11：end for

12：$s_k\rightarrow\Psi$；

13：$\Omega=\Omega-s_i$；

14：end while

15：generate the optimal path P according to the nodes in Ψ with FIFO order；

16：return P_{sink}；

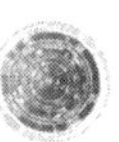

7.3.4 实验结果与分析

实验中通过 Matlab 构建仿真平台，对所提出的基于移动 sink 节点环境下的数据收集策略(EDA-MS)进行性能分析与比较。主要相关参数设定如下：节点部署区域为 200 m×200 m，节点数据采集速度为 20 b/s，sink 节点在驻留点间的移动速度 v_{sink}=50 m/s。所有传感器节点初始化能量均为 20 J，通信半径 r=50 m；将时延要求 ε 设置为 10 min。能耗模型中的发送电路和接收电路能耗 e_{tr}和 e_{rec}均设置为 50 nJ/b。

本书从网络时延、不同跳数下的平均能耗和不同节点数下的平均能耗等方面，将 EAD-MS 与 LEACH-MS[3] 和 RDM[7] 进行了比较。为减小误差，仿真实验中所有数据均为 20 次随机实验的均值。

图 7-11 所示的为移动 sink 节点方式下，不同轮次时完成一个周期的数据采集所用的时间对比。从实验结果可以看出，完成一个周期的数据采集 LEACH-MS 所用时间最长，RDM 次之，EDA-MS 最小。原因是在 LEACH-MS 中较多节点能够直接访问，此外过于分散的中继节点分布造成了 sink 节点移动范围的扩大；EDA-MS 通过定义 RN 节点的优先级，并进行了路径优化，提高了 sink 节点的数据收集效率，故数据时效性高于其他两种算法。

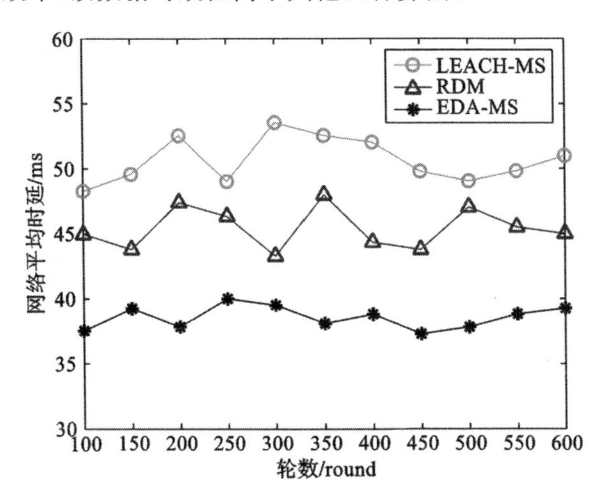

图 7-11　网络平均时延对比

图 7-12 所示的是 3 种算法在不同跳数限制下的网络总能耗对比。当跳数增加时，RDM 算法对于网络区域分割不规则，部分子节点到汇聚节点过长的转发路径导致网络整体能耗大幅度增加；LEACH-MS 算法在最大跳数增加时簇规模急剧扩大，导致较高的簇内通信开销。而 EDA-MS 算法采用贪心策略生成

的数据收集树，在不同的跳数约束下，尽可能吸收地理位置较近节点作为子节点，降低了网络整体能耗。

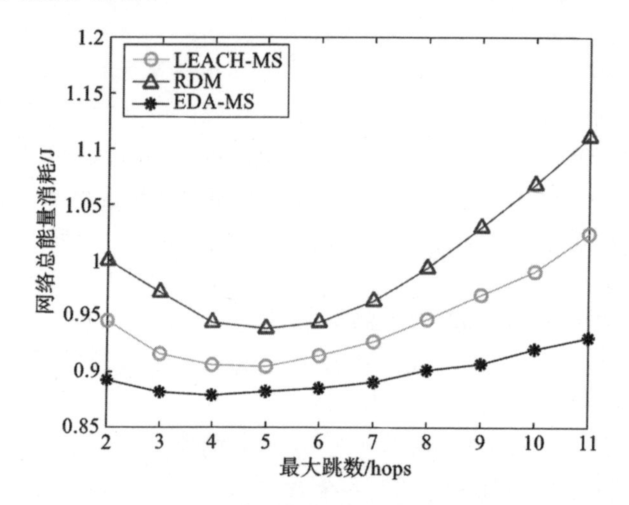

图 7-12　不同跳数限制下的网络总能耗

图 7-13 所示的是对子节点到汇聚节点的总路径长度进行了比较。可以看到，RDM 在不同节点数量条件下，路径长度都明显高于其他方法，这是因为其路由树的构造采用将距离移动 sink 节点最近的节点作为根节点，没有很好地考虑子节点到汇聚节点的路径优化；同样，在 LEACH-MS 中采用随机成簇方式，一旦簇建立完毕，成员节点到簇首的路径就固定下来。

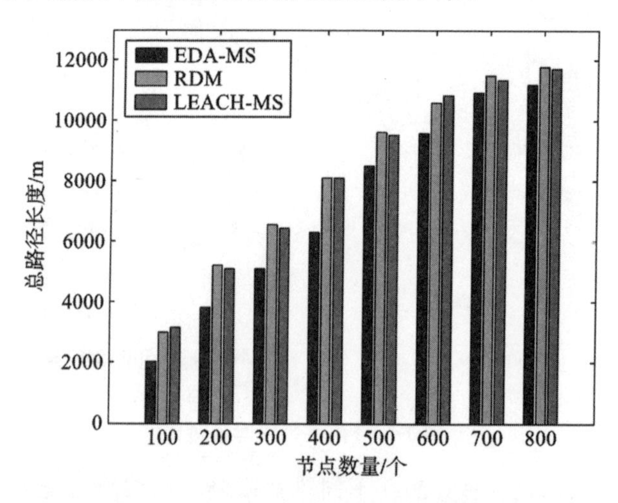

图 7-13　子节点到汇聚节点的总路径长度

图 7-14 给出了最大跳数固定、不同节点数量下 3 种算法的网络总能耗。3 种算法的网络总能耗随着网络节点数量的增加而增加。EDA-MS 算法充分考

虑了子节点到汇聚节点的路径优化，节点转发过程中能体现较好的数据量均衡性，因此其网络总能耗在 3 种算法中最低。

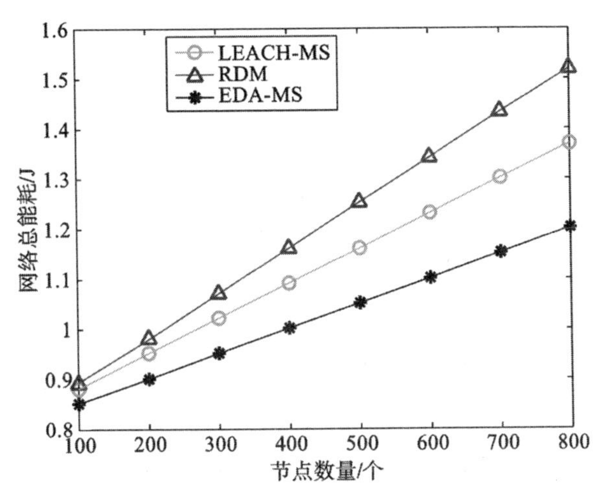

图 7-14　不同节点数目下的平均能耗

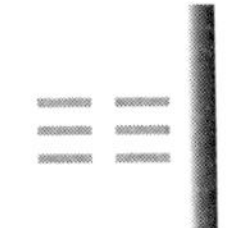

7.4　基于非均匀分簇的低能耗安全数据融合方法

7.4.1　数据融合中的安全性问题

数据融合的基本思想是在融合节点对冗余数据进行过滤、筛选，去除冗余，并对原始数据进行简单计算和处理，将处理后的更贴合实际需要的融合数据继续向上层节点传输。与将全部节点收集数据不经处理而全部转发给基站这种集中式方法相比，数据融合大大地降低了网络传输量。不过，随着无线传感器网络的应用发展，在实际应用部署过程中暴露出严重的隐私数据泄漏或被篡改的威胁，这就需要采取非一般的加密模式对敏感的信息进行隐私保护，保证攻击者无法窃取传输过程中的隐私数据，因此设计一个能保障数据安全性的数据融合方法是非常必要的。

7.4.2　系统模型

本书中，我们集中解决防止消息窃听来保护数据隐私的问题。在窃听攻击中，攻击者通过对无线电的侦听获得隐私信息。我们假设攻击者可通过俘获正常节点的手段获取网络中所采用的安全机制。所谓保证数据隐私性是指任何节点采集的数据除节点本身外其他节点不可获知。在移动 Ad Hoc 网络中的安全问题与无线传感器网络相类似，但是 Ad Hoc 网络中的安全机制不能直接移植到无线传感器网络中，因为 Ad Hoc 网络的安全机制大都基于公钥加密，而这种加密方法计算复杂度高，对存储和计算能力都具有较高的要求，不适合能源受限的传感器节点。

典型的适用于无线传感器网络的安全数据融合算法有以下几种。

(1) CDA(concealed data aggregation)算法，其主要思想是：通过将每个传感器节点的数据随机分割成 d 份，每份数据 m_i 分别乘以密钥 R_i 生成密文，再把 d 份密文全部传递给融合节点，融合节点不进行解密操作而是直接对所有密文进行模加法运算，最终将运算结果再上传给 sink 节点，sink 节点利用私钥对累计的密文进行解密得到最终的数据融合结果。该算法能保证节点和基站之间进行端到端的加密传输，聚合节点的计算量也比较小，但是由于算法使用对称密钥机制，因此算法的安全性比较差。

(2) 基于数据切片的隐私保护算法 (Slice-Mix-AggRegaTe，SMART)，其中心思想是：将所获取的数据分成若干片段(即切片)，将切片后的数据分别沿不同的传输路径进行传递。对于中间融合节点，利用数据融合本身具有丢失原始数据的特性保护了数据的隐私，因此，除非隐私攻击者获得所有分片，否则无法得到最终的隐私信息。但也正是由于这种分片技术导致了极大的网络通信量，使数据包传输量增加 K 倍。对于能量有限的无线传感器网络来说，这种开销是相当昂贵的。

为了在保证网络节点数据隐私性的同时，提高网络的生命周期，本节提出了一种轻量级的基于非均匀分簇的安全数据融合方案(UCDA)。首先根据距离 sink 节点远近构造不同大小的簇，然后再采用分片重组技术，位于不同簇重叠区域的节点将分片数据发送至不同簇的簇首进行数据的混杂，在降低通信开销的同时提高了数据安全性。仿真实验和理论分析证明，UCDA 方案在满足一般隐私保护要求的前提下，比 SMART 算法花费更少的通信和计算开销，并保证了数据融合结果的精确性。

无线传感器网络用一个连通图 $G(V,E)$ 来表示，其中的顶点 $v(v\in V)$ 表示无线传感器网络中的节点，边 $e(e\in E)$ 表示节点间的通信链路。网络中的节点采用分簇的方式进行组织，各个簇内节点将信息发给簇首，簇首将收集到的信息汇总处理后再转发给基站(base station，BS)。网络中的各个簇首一般采用多跳通信的方式，通过其他相邻簇首进行转发，最终数据被传输至 BS。

靠近 BS 的簇首因为频繁转发数据而承担较多的负载，可能因能量的过早

耗尽而失效。为了实现数据传输和簇首融合数据的能耗均衡，因此，本书的分簇模型采用文献[11]提出的非均匀分簇模型。与普通分簇方法不同的是，靠近 BS 节点的簇首相较于远离 BS 的簇首，其通信半径要小，这样其覆盖范围较小，簇内通信的能耗较少，从而可预留更多的能量服务于簇间的数据转发，最终能有效平衡不同簇首的能量消耗来延长网络的存活时间。

在网络部署阶段，汇聚节点需要用一个给定的发送功率向网络内广播一个信号。每个传感器节点在接收到此信号后，根据接收信号的强度计算它到汇聚节点的近似距离。图 7-15 为网络节点部署和组织结构示意图。其中，簇首用实心圆表示，簇内普通节点用空心圆表示。从图中可以看出，靠近 BS 的簇的规模要明显小于远离它的其他簇。簇间通信用带箭头的实线来表示。

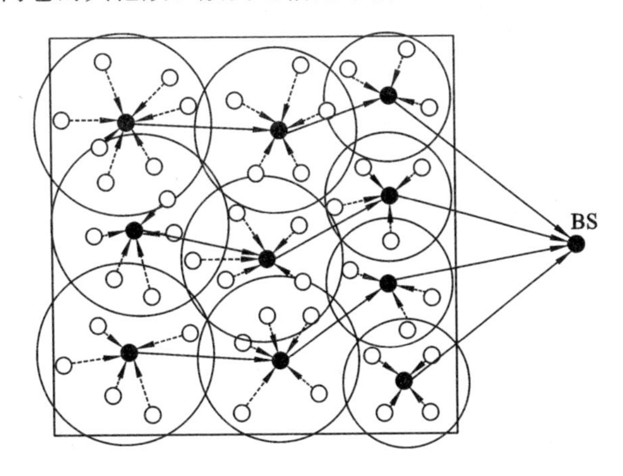

图 7-15 基于非均匀分簇的路由协议

候选簇首的竞争半径的最大取值为 R_c^0。算法需要控制竞争半径的取值范围，使得距离汇聚节点较近的节点的竞争半径小于距离较远的节点，其中 c 是用于控制取值范围的参数，在 0～1 取值，候选簇首 s_i 确定其竞争半径 R_c^i。R_c^i 的计算公式如下：

$$R_c^i = \left[1 - c\frac{d_{\max} - d(s_i, \mathrm{DS})}{d_{\max} - d_{\min}}\right]R_c^0 \tag{7-18}$$

7.4.3 安全数据融合策略

本算法采用对数据先进行分割再组合的数据分割技术来保护无线传感器节点的隐私数据。算法的实现包括三个阶段：簇的形成、簇内计算和簇首融合。

N 个传感器节点随机部署在一个矩形区域内，节点用于对环境数据的采集。用 s_i 表示第 i 个节点，节点集合为 $S=\{s_1, s_2, \cdots, s_N\}$，则有 $|S|=N$。节点采

用自组织的方式成簇，簇首负责管理所在簇，并汇集数据后转发至汇聚节点，汇聚节点位于观测区域外侧。网络中的所有节点(具有唯一的标识)都是同构的，且都具备数据融合的功能。此外，节点的通信半径可以自由调整，以降低能耗。各节点通信半径采用式(7-18)计算得到。

非均匀分簇后的传感器节点分布如图 7-16 所示。

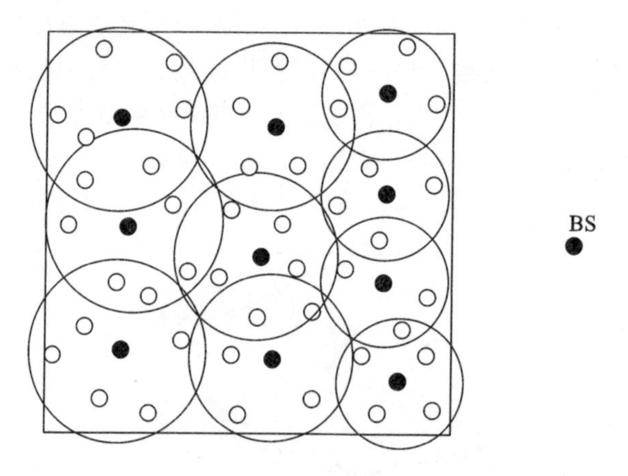

图 7-16　簇的形成

当簇建立好之后，每个簇内包含有簇首和簇内成员节点。各个节点产生一个随机数种子并将种子发送给簇首，簇首得到所有节点的随机种子。然后，各个节点将自己收集的数据分为三片，一片留在自己节点内部，另两片加上随机数后发送给其邻居节点。接着，各成员节点将最后得到的数据发送到簇首。由于簇首已知簇内其他节点的随机数种子，因此不需要知晓各个节点的单独信息，只需要汇总各节点发送的混杂数据后通过简单的减法运算即可得到真正的融合结果，因此能够很好地保护各节点的数据隐私。SMART 采用的这种机制能够保证普通节点被俘获的情况下，原始数据不被外来攻击者窃取；但是，如果簇首被俘获，则无法起到保护隐私的作用。为此，本书提出了一种簇间混杂的改进机制。

如图 7-17 所示的两个相邻的簇，可以看到节点 n_5、n_6 处于簇首 n_1 和簇首 n_9 所覆盖的公共区域中，在成簇的过程中，竞选产生的簇首向全网广播其竞选获胜的消息 CH_ADV_MSG。对于重叠区域内的普通节点，会收到多个簇首发送的消息 CH_ADV_MSG，它们会选择簇内通信代价最小亦即接收信号强度最大的簇首，发送加入消息 JOIN_CLUSTER_MSG 通知该簇首。

我们可以利用这些处于多簇首通信覆盖范围内的特殊节点，进行数据混杂来提升数据隐私保护性，具体过程如下：

(1) 各个节点产生随机数种子 u_i，考虑到传感器节点部署时，每个节点都有一个唯一的标识(ID),因此,混杂时其实不需要每个传感器节点都通过运算产生随机数,而只需利用这个 ID 即可;否则,需要簇首将本簇内所有成员的随机数种子通过多跳方式发送至 BS,这样会消耗一定的能量。处于 n_1 所管辖的簇内的节点 n_2～n_5,将其种子发送给簇首 n_1;处于 n_9 所管辖的簇内的节点 n_5～n_8,将其种子发送给簇首 n_9。

(2) 各个节点将自己收集的数据分为三片,一片留在自己节点内部,另两片随机发送给邻居节点。例如,节点 n_3 的数据为 d_3,将 d_3 分为三片 d_{31}、d_{32}、d_{33},也就是 $d_3=d_{31}+d_{32}+d_{33}$。节点 n_3 将数据片 d_{31} 留在节点内部,数据片 d_{32}、随机数种子 u_3 发送给邻居节点 n_2,即发送 $d_{32}+u_3$ 到节点 n_2,然后 $d_{33}+u_3$ 发送到节点 n_4,如图 7-17(b)所示。

(3) 对于公共覆盖区域内的节点 n_5,则将数据分为 3 片,为 d_{51}、d_{52}、d_{53},与其他节点相同,一片留在自己节点内部。不同的是,另外两片则分别发送簇内相邻节点 n_2 与相邻簇簇首 n_9,即将 u_5+d_{52} 发送给 n_2,将 u_5+d_{53} 发送给 n_9,如图 7-17(b)所示。如果在其通信半径内没有同一簇内的普通节点作为其邻居,则将分片数据发给其所在簇簇首、相邻簇簇首和自己保留一片。

(4) 以此类推,混杂后各节点的数据如图 7-17(b)所示。

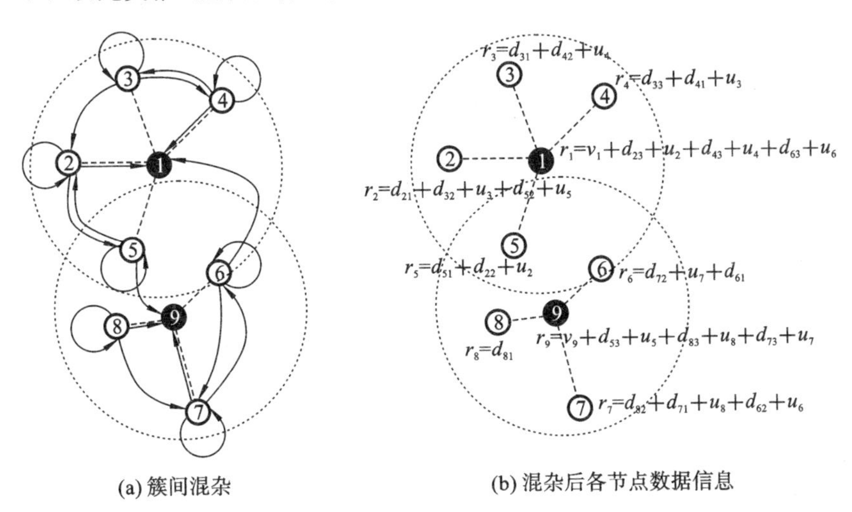

(a) 簇间混杂　　(b) 混杂后各节点数据信息

图 7-17　数据混杂

以下为混杂后的数据:

$$r_2=d_{21}+d_{32}+u_3+d_{52}+u_5$$
$$r_3=d_{31}+d_{42}+u_4$$
$$r_4=d_{33}+d_{41}+u_3$$
$$r_5=d_{51}+d_{22}+u_2$$

$$r_6=d_{72}+u_7+d_{61}$$
$$r_7=d_{82}+d_{71}+u_8+d_{62}+u_6$$
$$r_8=d_{81}$$
$$r_1=v_1+d_{23}+u_2+d_{43}+u_4+d_{63}+u_6$$
$$r_9=v_9+d_{53}+u_5+d_{83}+u_8+d_{73}+u_7$$

其中，$v_1=d_1+2u_1$，$v_9=d_9+2u_9$。

簇内成员节点将混杂后的数据最后发给簇首，则图 7-17(a)中的簇首 n_1 和 n_9 得到的数据信息分别为 $\text{sum}_{n1}=\sum_{i=1}^{5}r_i$，$\text{sum}_{n9}=\sum_{j=6}^{9}r_j$，可以看出，簇首即便知道所有簇内节点的随机数种子，也无法推算出真正的融合信息。

(5) 簇首 n_1 和 n_9 再采用簇首间多跳路由协议将融合后的数据发送至汇聚节点。最后，汇聚节点根据所有混杂数据总和减去网络中所有节点的种子，得到最终的融合结果。

为了验证汇聚节点是否可得出最后的数据融合结果，以图 7-17(a)为例，假设整个网络中只存在这两个簇，簇首 n_1 和 n_9 不再通过其他簇首进行转发，而是直接发送给 BS，则 BS 得到的数据为 $\text{sum}_{\text{total}}=\text{sum}_{n1}+\text{sum}_{n9}=\sum_{i=1}^{9}r_i=(d_1+d_2+\cdots+d_9)+2\sum_{i=1}^{9}u_i$。显然，只需要将簇内节点产生的随机数种子的值通过簇首发送至 BS，就能推导出最终融合结果。

具体过程如下：

首先，普通节点参与竞选，成为候选簇首的概率为 T。

(1) 簇首竞选算法。

```
对于网络中所有节点产生随机数 μ← (0,1)
    if μ< T then
    该节点成为竞选簇首
    end if
    if tentative_head=true then
    每个竞选节点广播竞选消息 COMPETE_HEAD_MSG(ID,Rc,RE)至周围节点，消息
的内容为节点的 ID、竞争半径 Rc 和当前剩余能量 RE
    else
      sleep
    end if
```

(2) 竞选簇首间的竞争。

```
对于每个竞选节点 si 收到相邻竞选节点 sj 发送来的广播消息 COMPETE_HEAD_MSG
    if d(si,sj)< sj.rc or d(si,sj)< rc then
```

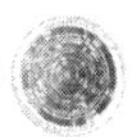

```
        将 s_j 加入节点 s_i 构建其邻簇首集合 s_i.sch
      end if
```

(3) 竞选簇首做出是否担任簇首的决策。

```
  for every tentative_node v_j
     while tentative_head=true do
       if ∀ s_j ∈ s_i.SCH, s_i.RE> s_j.RE then
         广播担任簇首的消息 FINAL_HEAD_MSG(ID),消息的内容为节点的 ID
       exit
     end if
```

(4) 相邻簇首集合中的其他竞选簇首退出竞争。

```
  for every tentative node v_i
       while (the timer T_ch is not expired)
           一旦收到其他节点 s_j 发送的 FINAL_HEAD_MSG 消息
         if s_j ∈ s_i.SCH then
           广播消息 QUIT_ELECTION_MSG(id),退出竞选
           then exit
         end if
```

(5) 对于其他还在侦听的竞选节点。

```
  一旦收到 s_j 广播的 QUIT_ELECTION_MSG 消息
     if s_j ∈ s_i.SCH then
       将 s_j 从其邻簇首集合 s_i.SCH 中删除
     end if
     end while
```

(6) 成为簇首的节点。

```
  for every cluster head
       广播消息 ADV 至通信半径内的节点
     while (the timer T_join_cluster is not expired)
       wait
       if 收到节点发送来的 JOIN 消息
         为该节点分配 ID 并广播,等待节点的确认消息
       end if
       if 确认消息 ACK 到达 then
     将 ID 对应的节点加入簇内节点集合
     End if
       if 收到节点发送的 VIRTUAL_JOIN 消息
         给该节点分配 VIRTUAL_ID,为一个较大的随机数
       end if
     End while
```

(7) 普通节点加入簇。

```
for every sleep node nᵢ
    if nᵢ ∉ any cluster then
        侦听簇首消息 ADV
    end if
    if 侦听到多个簇首的 ADV 消息 then
        选择簇内通信代价最小的簇首,并发送 JOIN 消息;发送 VIRTUAL_JOIN 消息给候选簇首
    等待簇首分配 ID
    接受该 ID 并确认该消息
    if 收到其他簇首 VIRTUAL_ID 消息,则将其加入集合 ni.sch
     end else
```

算法首先进行簇首竞选过程,每个节点发送消息 COMPETE_HEAD_MSG;然后,通过比较相互间的距离,构建其邻簇首集合;竞选簇首做出是否担任簇首的决策;相邻簇首集合中的其他竞选簇首一旦收到 FINAL_HEAD_MSG,则退出竞争,并广播消息 QUIT_ELECTION_MSG;对于还没有退出竞争的节点,一旦收到相邻簇首发送的 QUIT_ELECTION_MSG,就将它们从邻簇首集合中删掉;成为簇首的节点发送 ADV,等待节点加入簇,需要注意的是,对于通信范围内的选择加入其他簇的节点,需要分配 VIRTUAL_ID,用于数据切片和混杂;节点选择加入簇,并给簇首发送 JOIN 消息,对于通信范围内的其他簇首则发送 VIRTUAL_JOIN 消息,并将它们加入集合 n_i. sch。

7.4.4 实验结果与分析

为了进行两种算法的公平对比,假设网络拓扑结构不变,从而融合树结构也是固定不变的。图 7-18 显示了 UCDA 和 SMART 算法在分片数 $k=3$ 的情况下的数据通信代价,横轴表示不同等待时间间隔,纵轴表示通信代价。具体来说,我们用整个融合过程中传输的数据包总数作为通信代价。仿真结果显示 UCDA 与 SMART 方法消耗的网络带宽较少,在 $k=3$ 的情况下,SMART 方法中所有的节点都需要交换 3 个数据包进行安全数据融合。那么当网络规模为 200 个节点时,总通信代价为 600。在 SMART 中,各节点需要交换 3 个数据包是因为节点在分片阶段将数据分成三片,其中两片发送给邻居节点,产生两个数据包的通信代价,然后又在融合阶段将融合后的新数据发送给上层父节点,又产生一个数据包的代价。所以,对每一个节点来说,总共产生 3 个数据包的通信代价。而在我们提出的 UCDA 方法中,簇内非簇首需要对自身数据进行分片,并且将 2 片数据随机发给邻居或候选簇首,这样产生的数据包个数也为 3;但是对

于簇首而言，它们只需要将融合结果发给更靠近 BS 的相邻簇的簇首，只产生一个数据包的通信代价。

图 7-19 所示的为网络经过一段时间的运行后剩余能量的变化情况，SMART 方法消耗能量更快，这是因为 SMART 的通信代价更大，即需要较多的收发数据次数。而传感器节点的主要能量消耗就在于数据传输，所以减少通信代价是节能减耗的有效手段。正如前面讨论的那样，我们提出的 UCDA 算法在数据通信方面明显少于 SMART，所以能量消耗也有所降低，更有利于延长网络寿命。

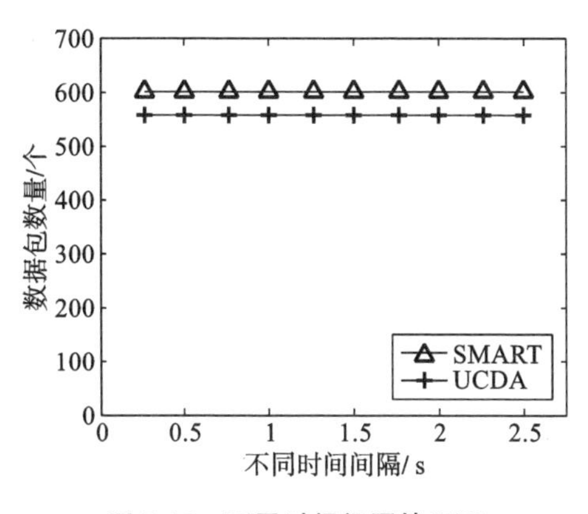

图 7-18　不同时间间隔情况下数据包数量对比

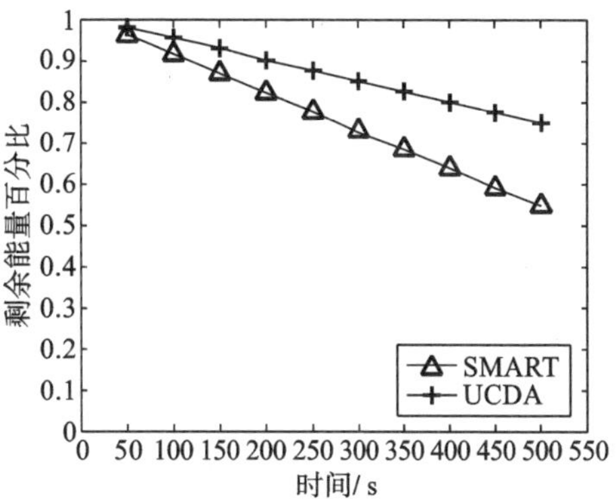

图 7-19　随时间推移剩余节点能量变化

我们定义最终融合结果的精确度为算法所得到的融合结果与所有节点数据实际之后的比率。通过图 7-20 可以明显看到，UCDA 的精确度要高于 SMART 的。图中横轴表示不同的等待时间间隔，纵轴表示融合结果精确度。我们可以看出两种方法中数据的精确度都是随着时间间隔的增大而提高的。这是由于以下两种原因：①随着时间间隔的延长，通信数据产生碰撞的可能性减小；②随着等待时间间隔的延长，数据包可以有充分的时间到达目的地，可以被更好地接收。而 UCDA 之所以具有更高的精确度，也是由于 UCDA 中的数据包可以更大可能地被正常接收，因为正如前面提到的那样，UCDA 产生的通信代价小，数据包产生碰撞的可能性就小，从而可以被正常接收和融合。UCDA 与 SMART 都是采用分片重组技术，将分片后产生的部分数据发给周围邻居，因此能对原始数据进行很好地保护和隐藏。图 7-21 对比了 UCDA 与 SMART 的隐私保护性，可以看出，当 $k=3$ 时，节点的隐私数据被暴露的概率小于 0.5%。

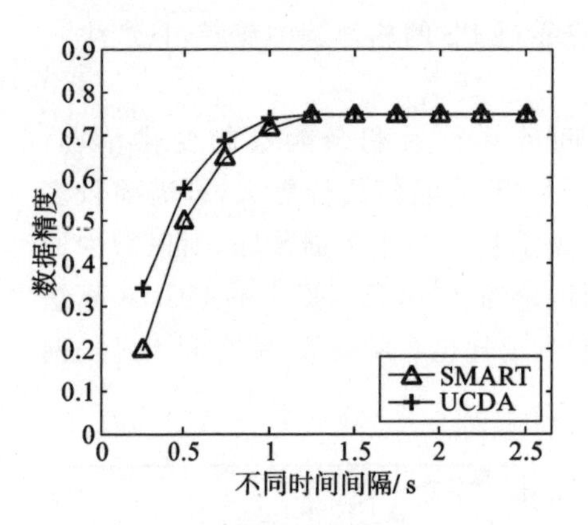

图 7-20　不同时间间隔情况下数据精度的比较

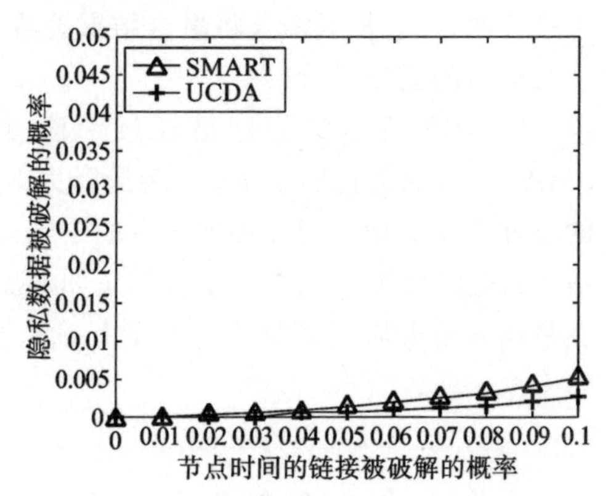

图 7-21　SMART 与 UCDA 数据隐私保护性对比

[1] Filipe M L, Vieira, Marcos A, et al. Efficient incremental sensor network deployment algorithm [C]. In: Brazilian Symposium on Computer Networks, 2004.

[2] Zhiyun L, Sijian Z, Gangfeng Y. An incremental deployment algorithm for wireless sensor networks using one or multiple autonomous agents[J]. Ad Hoc Networks, 2013, 11(1): 355-367.

[3] Bin T, Guiling W, Wensheng Z, et al. Node Reclamation and Replacement for Long-Lived Sensor Networks[J]. IEEE Transactions on Parallel and Distributed Systems, 2011, 22(9): 1550-1563.

[4] Giuseppe A, Marco C, Mario D F, et al. Energy conservation in wireless sensor networks: A survey[J]. Ad Hoc Networks, 2009, 7(3): 537-568.

[5] Yi-hua Y. Distributed Target Tracking in Wireless Sensor Networks With Data Association Uncertainty[J]. IEEE Communications Letters, 2017, 21 (6): 1281-1284.

[6] Juan L, Jinyu H, Di W, et al. Opportunistic Routing Algorithm for Relay Node Selection in Wireless Sensor Networks[J]. IEEE Transactions on Industrial Informatics, 2017, 11(1): 112-121.

[7] Muhammad A, Peter T, Shahid M, et al. Context-aware cooperative testbed for energy analysis in beyond 4G networks [J]. Telecommunication Systems, 2017, 64(2): 225-244.

[8] Joe A J, Chien-Hao W, Min-Sheng L, et al. A wireless sensor network based monitoring system with dynamic convergecast tree algorithm for precision cultivation management in orchid greenhouses [J]. Precision Agriculture, 2016, 17(6): 766-785.

[9] Liguang X, Yi S, Y. Thomas H, et al. Wireless power transfer and applications to sensor networks[J]. IEEE Wireless Communications, 2013, 20(4): 140-145.

[10] Nikolaos A P, Stefanos A N, Dimitrios D V. Energy-Efficient Routing

Protocols in Wireless Sensor Networks: A Survey [J]. IEEE Communications Surveys & Tutorials,2013,15(2):551-591.

[11] Weiyi Z,Guoliang X,Misras S. Fault-Tolerant Relay Node Placement in Wireless Sensor Networks: Problems and Algorithms[C]. In: Proc of IEEE INFOCOM 2007-IEEE International Conference on Computer Communications. 2007,1649-1657.

[12] Liang H, Linghe K, Yu G, et al. Evaluating the On-Demand Mobile Charging in Wireless Sensor Networks[J]. IEEE Transactions on Mobile Computing,2015,14(9):1861-1875.

[13] 李德英,陈文萍,霍瑞龙,等.无线传感器网络能量高效综述[J].计算机科学,2008,35(11):8-12.

[14] Wei Y, Heidemann J, Estrin D. An energy-efficient MAC protocol for wireless sensor networks [C]. In: 21st Joint Conference of the IEEE Computer and Communication Societies (INFOCOM). 2002, 3, 1567-1576.

[15] Wei Y, Heidemann J, Estrin D. Medium access control with coordinated adaptive sleeping for wireless sensor networks [J]. IEEE/ACM Transactions on Networking,2004,12,493-506.

[16] Ghosh S, Veeraraghavan P. Energy efficient medium access control with single sleep schedule for wireless sensor networks [C]. In 14th IEEE International Conference on Telecommunications (ICT) and 8th IEEE Malaysia International Conference on Communications(MICC). 2007,3,413-419.

[17] Lei Z, Somnath G. An Energy Efficient Wireless Sensor MAC Protocol with Global Sleeping Schedule [C]. In: International Symposium on Computer Science and its Applications. 2008,3,303-309.

[18] Rickenbach P, Wattenhofer R, Zollinger A. Algorithmic Models of Interference in Wireless Ad Hoc and Sensor Networks[J]. IEEE/ACM Transactions on Networking,2009,17(1):172-185.

[19] Frey H, Ruehrup S, Stojmenovic I. Routing in wireless sensor networks [M]. Springer-Verlag,2009,81-111.

[20] Fu Z, Luo Y, Gu C, et al. Reliability analysis of condition monitoring network of wind turbine blade based on wireless sensor networks[J]. IEEE Transactions on Sustainable Energy,2018,10(2):549-557.

[21] Laranjeira L A, Rodrigues G N. Border Effect analysis for reliability assurance and continuous connectivity of wireless sensor networks in the

presence of sensor failures [J]. IEEE Transactions on Wireless Communications,2014,13(8):4232-4236.

[22] Deif D,Gadallah Y. A comprehensive wireless sensor network reliability metric for critical Internet of Things applications[J]. EURASIP Journal on Wireless Communications and Networking,2017(1):145-156.

[23] Tripathi J,Jaudelice C O,Vasseur J P. Proactive versus reactive routing in low power and lossy networks: Performance analysis and scalability improvements[J]. Ad Hoc Networks,2014 (23):121-144.

[24] Mao Y,Lam K Y,Song H. Hypergraph-based data link layer scheduling for reliable packet delivery in wireless sensing and control networks with end-to-end delay constraints [J]. Information Sciences,2014,278:34-55.

[25] Cai J,Song X,Wang J,et al. Reliability analysis for a data flow in event-driven wireless sensor networks[J]. Wireless Personal Communications, 2014,78(1):151-169.

[26] Zhu J,Tang L,Xi H,et al. Reliability analysis of wireless sensor networks using markovian model[J],Journal of Applied Mathematics,2012,Article ID 760359.

[27] Musallam M,Yin C,Bailey C,et al. Mission profile-based reliability design and real-time life consumption estimation in power electronics[J]. IEEE Transactions on Power Electronics,2014,30(5):2601-2613.

[28] Petrov V,Lema M A,Gapeyenko M,et al. Achieving end-to-end reliability of mission-critical traffic in softvarized 5G Networks[J]. IEEE Journal on Selected Areas in Communications,2018,36(3):485-501.

[29] He Y H,Gu C C,Han X,et al. Mission reliability modeling for multi-station manufacturing system based on Quality State Task Network[C]. Proceedings of the Institution of Mechanical Engineers,Part O:Journal of Risk and Reliability. 2017,231(6):701-715.

[30] Tom H,Meryem S,Fettweis G P. Mission reliability for URLLC in wireless networks[J]. IEEE Communications Letters,2018,22(11):2350-2353.

[31] Yue Y G,Li J Q,Fan H H,et al. An efficient reliability evaluation method for industrial wireless sensor networks [J]. Journal of Southeast University (English Edition),2016,32(2):195-200.

[32] Wei H,Guan Y H,Zhi J Z,et al. A new hierarchical belief-rule-based method for reliability evaluation of wireless sensor network [J].

Microelectronics Reliability,2018,87:33-51.

[33] Sun W,Li Q Y,Wang J P,et al. A radio link reliability prediction model for wireless sensor networks [J]. International Journal of Sensor Networks,2018,27(4):215-226.

[34] Damaso A,Rosa N,Maciel P I. Integrated evaluation of reliability and power consumption of wireless sensor networks[J]. Sensors,2017,17(11):Article ID 2547.

[35] Ekmen M,Altin-kayhan A. Reliable and energy efficient wireless sensor network design via conditional multi-copying for multiple central nodes [J]. 2017,126:57-68.

[36] Lee C Y,Shiu,L C,Lin F T. Distributed topology control algorithm on broadcasting in wireless sensor network[J]. Journal of Network and Computer Applications,2013,36(4):1186-1195.

[37] Xu Z,Chen L,Chen C,et al. Joint clustering and routing design for reliable and effcient data collection in large-scale wireless sensor networks[J]. IEEE Internet of Things Journal,2016,3(4):520-532.

[38] Shihong H,Guanghui L. Fault-tolerant clustering topology evolution mechanism of wireless sensor networks[J]. IEEE Access,2018(6):28085-28096.

[39] Yu J,Wang N,Wang G,et al. Connected dominating sets in wireless ad hoc and sensor networks——A comprehensive survey[J]. Computer Communications,2013,36(2):121-134.

[40] Li R Z,Hu S L,Gao J,et al. GRASP for connected dominating set problems[J]. Neural computing & applications,2017,28(1):1059-1067.

[41] Khalil E A,Ozdemir S. Reliable and energy efficient topology control in probabilistic Wireless Sensor Networks via multi-objective optimization [M]. Kluwer Academic Publishers,2017.

[42] Qureshi H K,Rizvi S,Saleem M,et al. Poly:A reliable and energy efficient topology control protocol for wireless sensor networks[J] Computer Communications,2011,34(10):1235-1242.

[43] Sitanayah L,Brown K N,Sreenan C J. A fault-tolerant relay placement algorithm for ensuring k vertex-disjoint shortest paths in wireless sensor networks[J]. Ad Hoc Networks,2014,PH23:145-162.

[44] Yin R R,Liu B,Liu H R,et al. The critical load of scale-free fault-tolerant topology in wireless sensor networks for cascading failures[J]. Physica

A:Statistical Mechanics and its Applications,2014,409:8-16.

[45] Si S Z, Wang J F, Yu C. Energy-efficient and fault-tolerant evolution models based on link prediction for large-scale wireless sensor networks [J]. IEEE Access,2018(6):73341-73356.

[46] 孙利民,李建中,陈渝,等. 无线传感器网络[M]. 北京:清华大学出版社,2008.

[47] 方维维,钱德沛,刘轶. 无线传感器网络传输控制协议[J]. 软件学报,2008,19(06):1439-1451.

[48] Ben O,B Y. Energy efficient and QoS based routing protocol for wireless sensor networks[J]. Journal of Parallel and Distributed Computing,2010,70(8):849-857.

[49] Lou W,Kwon Y. H-SPREAD:a hybrid multipath scheme for secure and reliable data collection in wireless sensor networks [J]. IEEE Transactions on Vehicular Technology,2006,55(4):1320-1330.

[50] Sharma B, Aseri T C. A comparative analysis of reliable a congestion-aware transport layer protocols for wireless sensor networks[J]. Ism Sensor Networks,2012,Article ID 104057.

[51] Gnawali O,Fonseca R,Jamieson K,et al. CTP:An efficient,robust,and reliable collection tree protocol for wireless sensor networks[J]. ACM Transactions on Sensor Networks,2013,10(1):1-49.

[52] Niu J,Cheng L,Gu Y,et al. R3E:reliable reactive routing enhancement for wireless sensor networks [J]. IEEE Transactions on Industrial Informatics,2014,10(1):784-794.

[53] Wan C. Pump-Slowly, Fetch-Quickly (PSFQ): A reliable transport protocol for sensor networks[J]. Proc. IEEE Journal of Selected Areas in Communications,2005,23(4):862-872.

[54] Park S J,Sivakumar R,Akyildiz I F,et al. GARUDA:Achieving effective reliability for downstream communication in wireless sensor networks [J]. IEEE Transactions on Mobile Computing,2008,7(2):214-230.

[55] Kumar R, Paul A, Ramachandran U, et al. On improving wireless broadcast reliability of sensor networks using erasure codes[C]. In: Mobile Ad-hoc and Sensor Networks, Second International Conference, MSN 2006, Hong Kong, China, December 13-15, 2006, Proceedings. DBLP,2006.

[56] Felemban E, Lee C G, Ekici E. MMSPEED: multipath Multi-SPEED

protocol for QoS guarantee of reliability and Timeliness in wireless sensor networks[J]. IEEE Transactions on Mobile Computing, 2006, 5 (6):738-754.

[57] Marjan R, Behnam D, Kamalrulnizam A B, et al. Multipath routing in wireless sensor networks: Survey and research challenges[J]. Sensors, 2012, 12:650-685.

[58] Mahmood M A, Seah W K G, Welch I. Reliability in wireless sensor networks: A survey and challenges ahead[J]. Computer Networks, 2015, 79:166-187.

[59] Ahn J S, Hong S W, Heidemann J. An adaptive FEC code control algorithm for mobile wireless sensor networks [J]. Journal of Communications and Networks, 2005, 7(4):489-499.

[60] Zhu J. Exploiting opportunistic network coding for improving wireless reliability against co-channel interference [J]. IEEE Transactions on Industrial Informatics, 2015, 12(5):1692-1701.

[61] Kiss Z I, Polgar Z A, Stef M P, et al. Improving transmission reliability in wireless sensor networks using network coding[J]. Telecommunication Systems, 2014, 59(4):1-13.

[62] Zheng Y A, Yu T Z, Fei S. A smart collaborative routing protocol for reliable data diffusion in IoT scenarios[J]. Sensors, 2018, 18(6):1926.

[63] Dobslaw F, Zhang T, Gidlund M. QoS-aware cross-layer configuration for industrial wireless sensor networks[J]. IEEE Transactions on Industrial Informatics, 2016, 12(5):1679-1691.

[64] Kafi M A, Djenouri D, Othman J B, et al. Interference-aware congestion control protocol for wireless sensor networks[J]. Procedia Computer Science, 2014, 37:181-188.

[65] Singh K, Singh K, Son L H, et al. Congestion control in wireless sensor networks by hybrid multi-objective optimization algorithm[J]. Computer Networks, 2018(138):90-107.

[66] Jan M A, Jan S R U, Alam M, et al. A comprehensive analysis of congestion control protocols in wireless sensor networks congestion control for 6L0WPAN networks: A game theoretic framework[J]. Mobile Networks & Applications, 2018, 23(3):456-468.

[67] Alipio M I, Tiglao N M C. RT-CaCC: A reliable transport with cache-aware congestion control protocol in wireless sensor networks[J]. IEEE

Transactions on Wireless Communications,2018,17(7):4607-4619.

[68] Zhao Y, Guo D, Xu J, et al. CATS: cooperative allocation of tasks and scheduling of sampling intervals for maximizing data sharing in WSNs [J]. ACM Transactions on Sensor Networks,2016,12(4):Article ID 29.

[69] Yu Y, Prasanna V K. Energy-balanced task allocation for collaborative processing in wireless sensor networks [J]. Mobile Networks and Applications,2005,10(12):115-131.

[70] Neda E, Chen K T, Wen D X. An auction-based strategy for distributed task allocation in wireless sensor networks [J]. Computer Communications,2012,35(8):916-928.

[71] Wei L, Flavia C D, Albert Y Z. Adaptive energy-efficient scheduling for hierarchical wireless sensor networks[J]. ACM Transactions on Sensor Networks,2013,9(3):1-34.

[72] Ghebleh R, Ghaffari A. A multi-criteria method for resource discovery in distributed systems using deductive fuzzy system [J]. International Journal of Fuzzy Systems,2017,19(6):1829-1839.

[73] Li W, Delicato F C, Pires P F, et al. Efficient allocation of resources in multiple heterogeneous Wireless Sensor Networks[J]. Journal of Parallel and Distributed Computing,2014,74(1):1775-1788.

[74] Lee C Y. Analysis of switching networks[J]. Bell Labs Technical Journal, 1955,34(6):1287-1315.

[75] Rahman T, Ning H, Ping H, et al. DPCA: Data prioritization and capacity assignment in wireless sensor networks [J]. IEEE Access, 2016(5): 14991-15000.

[76] Li X, Zhao D. Capacity research in cluster-based underwater wireless sensor networks based on stochastic geometry[J]. 中国通信(英文版), 2017,14(6):80-87.

[77] Yarinezhad R. Reducing delay and prolonging the lifetime of wireless sensor network using efficient routing protocol based on mobile sink and virtual infrastructure[J]. Ad hoc networks,2019,84,42-55.

[78] Javaid N, Shakeel Us, Ahmad A, et al. DRADS: depth and reliability aware delay sensitive cooperative routing for underwater wireless sensor networks[J]. Wireless Networks,2017,25(2):777-789.

[79] Mostafaei H. Energy-efficient algorithm for reliable routing of wireless sensor networks[J]. IEEE Transactions on Industrial Electronics,2019,

66(7):5567-5575.

[80] Lin Y K, Chang P C. A novel reliability evaluation technique for stochastic-flow manufacturing networks with multiple production lines [J]. IEEE Transactions on Reliability,2013,62(1):92-104.

[81] Lin Y K,Yeh C T,Huang C F. Reliability evaluation of a stochastic-flow distribution network with delivery spoilage[J]. Computers & Industrial Engineering,2013,66(2):352-359.

[82] Dagdeviren O,Akram V K,Tavli B. Design and evaluation of algorithms for energy efficient and complete determination of critical nodes for wireless sensor network reliability[J]. IEEE Transactions on Reliability, 2019,68(1):280-290.

[83] Silva I, Guedes L A, Portugal P, et al. Reliability and availability evaluation of wireless sensor networks for industrial applications[J]. Sensors,2012,12(12):806-838.

[84] Ekmen M, Aysegul A K. Reliable and energy efficient wireless sensor network design via conditional multi-copying for multiple central nodes [J]. Computer Networks,2017,126:57-68.

[85] Mekikis P V,Kartsakli E,Antonopoulos A,et al. Connectivity analysis in clustered wireless sensor networks powered by solar energy [J]. IEEE Transactions on Wireless Communications,2018,17(4):2389-2401.

[86] Lee C Y,Shiu L C,Lin F T,et al. Distributed topology control algorithm on broadcasting in wireless sensor network[J]. Journal of Network & Computer Applications,2013,36(4):1186-1195.

[87] Lu X,Dong D,Liao X,et al. PathZip:A lightweight scheme for tracing packet path in wireless sensor networks[J]. Computer Networks,2014, 73:1-14.

[88] Zhang R,Newman S,Ortolani M,et al. A network tomography approach for traffic monitoring in smart cities[J]. IEEE Transactions on Intelligent Transportation Systems,2018,19(7):2268-2278.

[89] Khaleghi B,Khamis A,Karray F O,et al. Multi-sensor data fusion:A review of the state-of-the-art[J]. Information Fusion,2013,14(1):28-44.

[90] Roy S,Conti M,Setia S,et al. Secure data aggregation in wireless sensor networks[J]. IEEE Transactions on Information Forensics and Security, 2012,7(3):1040-1052.

[91] 唐勇,周明天,张欣. 无线传感器网络路由协议研究进展[J]. 软件学报,

2006,17(3):410-421.

[92] 郑军,张宝贤. 无线传感器网络技术[M]. 北京:机械工业出版社,2012:1-3.

[93] Keller M,Beutel J,Thiele L. How was your journey? uncovering routing dynamics in deployed sensor networks with multi-hop network tomography[C]. In:SenSys 2012. ACM,2012.

[94] Gao Y,Dong W,Chen C,et al. Towards reconstructing routing paths in large scale sensor networks[J]. IEEE Transactions on Computers,20165 65(1):281-293.

[95] Gao Y,Dong W,Chen C,et al. iPath:path inference in wireless sensor networks[J]. IEEE/ACM Transactions on Networking, 2014, 24 (1): 517-528.

[96] Gnawali O,Fonseca R,Jamieson K,et al. Collection tree protocol[C]. In: Proceedings of the 7th International Conference on Embedded Networked Sensor Systems. Berkeley,California,USA,November 4-6,2009.

[97] Dong W,Liu Y,He Y,et al. Measurement and analysis on the packet delivery performance in a large-scale sensor network [J]. IEEE/ACM Transactions on Networking,2014,22(6):1952-1963.

[98] Liang H,Jianping P,Jingdong X. A progressive approach to reducing data collection latency in wireless sensor networks with mobile elements[J]. IEEE Transactions on Mobile Computing,2013,12(7):1308-1320.

[99] Liu Z,Li Z,Li M,et al. Path reconstruction in dynamic wireless sensor networks using compressive sensing[J]. IEEE/ACM Transactions on Networking,2015,24(4):1948-1960.

[100] Liu Y H,Liu K B,Li M. Passive diagnosis for wireless sensor networks [J]. IEEE/ACM Transactions on Networking,2010s 18(4):1132-1144.

[101] Pan S,Zhou Y,Yu F,et al. Network topology tomography under multipath routing[J]. IEEE Communications Letters, 2016, 20 (3): 550-553.

[102] 黄宁,伍志韬. 网络可靠性评估模型与算法综述[J]. 系统工程与电子技术,2013,35(12):2651-2660.

[103] 蒋畅江,石为人,唐贤伦,等. 能量均衡的无线传感器网络非均匀分簇路由协议[J]. 软件 学报,2012,23(5):1222-1232.

[104] Zheng X,Cai Z,Li J,et al. A Study on application-aware scheduling in wireless networks[J]. IEEE Transactions on Mobile Computing,2017,

16(7):1787-1801.

[105] Li W, Delicato F C, Pires P F, et al. Efficient allocation of resources in multiple heterogeneous wireless sensor networks[J]. Journal of Parallel and Distributed Computing, 2014, 74(1): 1775-1788.

[106] Garcia M, Sendra S, Lloret J, et al. Saving energy and improving communications using cooperative group-based wireless sensor networks [J]. Telecommunication Systems, 2013, 52(4): 2489-2502.

[107] Marchenko N, Andre T, Brandner G, et al. An experimental study of selective cooperative relaying in industrial wireless sensor networks [J]. Industrial Informatics, IEEE Transactions on, 2014, 10(3): 1806-1816.

[108] Ibrahim A, Han Z, Liu K R. Distributed energy-efficient cooperative routing in wireless networks [J]. Wireless Communications, IEEE Transactions on, 2008, 7(10): 3930-3941.

[109] Pandey S, Varma S. A Range Based Localization System in Multihop Wireless Sensor Networks: A Distributed Cooperative Approach [J]. Wireless Personal Communications, 2016, 86(2): 615-634.

[110] Xu H, Huang L, Sun H. Maximum-lifetime data aggregation for wireless sensor networks with cooperative communication [J]. International Journal of Sensor Networks, 2016, 20(3): 187-198.

[111] Souza R J D, Varaprasad G. Digital signature-based secure node disjoint multipath routing protocol for wireless sensor networks [J]. IEEE Sensors Journal, 2012, 12(10): 2941-9.

[112] Akyildiz I F, Vuran M C. Wireless sensor networks [M]. John Wiley & Sons, 2010.

[113] Akyildiz I F, Su W, Sankarasubramaniam Y, et al. Wireless sensor networks: a survey [J]. Computer networks, 2002, 38(4): 393-422.

[114] Song Y, Zhang R, Shen Z. Research on Data Reliable Transmission Based on Energy Balance in WSN [J]. Sensors & Transducers, 2014, 171(5): 268-274.

[115] Rashid M M, Gondal I, Kamruzzaman J. Mining associated patterns from wireless sensor networks [J]. Computers, IEEE Transactions on, 2015, 64(7): 1998-2011.

[116] Abdelsalam H S, Olariu S. Toward adaptive sleep schedules for balancing energy consumption in wireless sensor networks [J]. Computers, IEEE Transactions on, 2012, 61(10): 1443-1458.

致谢

本专著是湖北省自然科学基金项目(课题编号:2017CFC819)的研究成果,在研究与写作的过程中得到了许多单位和个人的关心与支持,在此,我谨代表课题组向他们致以诚挚的谢意。

以本书的出版作为一个工作节点,回首多年的研究工作历程,最想表达的还是对支持者深深的谢意。衷心感谢常熟理工学院程宏斌、孙霞等老师在科研上给予了我很大的鼓舞和帮助,与他们的交流和讨论让我受益匪浅。感谢湖北第二师范学院学科办配套资金的支持以及湖北第二师范学院计算机学院党政领导给予宽松的工作环境和学术研究的大力支持。感谢国内外众多高校、研究机构、学术会议主办方和学术期刊对本课题研究成果的关注与肯定,特别是《计算机应用研究》《系统仿真学报》《华中师范大学学报(自然科学版)》《计算机工程》《传感技术学报》《科学技术与工程》《计算机应用与软件》《计算机测量与控制》等学术期刊。同时感谢课题组成员雷建军、万润泽、陈宇、邱长春、胡罗凯,以及创新工作室学生团队,与我一起分享与分担研究的苦与乐。参与本课题的学生如下:陈高宇、李雯姝、余慧君、吴秋融、高凯琦、苏培佩、李姣姣、姜文豪、章敬源、罗瑞金、许梦玥、程欣然、张鹏飞、张燕妮、邓江南、王爽、王宏伟、刘杰、姜亮、唐义、宿学龙、程蒙、舒坦、董文祥、宋金姣、彭洪伟、韩盼盼、祝露、钱明、常周、李砚、周雷、汤辉、刘佳、吴邦、宋珮、王选超、周禹飞、潘钰婷、夏梦圆、周伟民、曾凌芸、王如霞、陈苗、刘畅、张钊、曾星、韦玉松、白维兵、董晓雲、操文康、张晓硕、周鑫森、何沛阳、杨悦欣、刘皓、刘杰鹏、何适、胡虎、韩志辉、张庚璞、魏婧、邹紫峰、彭子豪、李佳雯、温雪琴、晋欣松、余剑文等。

特别感谢华中科技大学出版社多名编审和宋焱编辑对本专著样稿提出的宝贵修改意见和对本专著出版给予的大力支持。需要特别说明的是，专著中的疏漏与错误概由本人承担，恳请广大读者批评指正。

作　者

2020 年 12 月